ABSTRACT

内 容 提 要

本书重点介绍通过鸽眼鉴鸽的新方法、新技术和新理念，内容涉及我国鸽眼研究历史回顾、超级鸽眼和特色鸽眼鉴赏、鉴别鸽眼的传统方法、“干、老、油、亮”四字诀、从眼志到品性圈、风行一时的“眼脐论”、海峡两岸的“鸽眼配”、盛行于上海的“栉膜论”等，对广大赛鸽爱好者具有较高的指导意义和参考价值。

编 著 人 员

编著者　顾澄海　潘久武
摄　影　丁自诵
顾　问　余　宏

鸽眼新说

赛鸽丛书
SAIGE CONGSHU

顾澄海　潘久武　编著

上海科学技术出版社

图书在版编目(CIP)数据

鸽眼新说／顾澄海，潘久武编著．—上海：上海科学技术出版社，2011.1(2025.1 重印)

ISBN 978-7-5478-0637-1

Ⅰ．①鸽...　Ⅱ．①顾...　②潘...　Ⅲ．①鸽－眼－基本知识　Ⅳ．①S836

中国版本图书馆 CIP 数据核字(2010)第 243323 号

鸽眼新说

顾澄海　潘久武　编著

上海世纪出版（集团）有限公司
上海科学技术出版社　出版、发行
(上海市闵行区号景路 159 弄 A 座 9F-10F)
邮政编码 201101　www.sstp.cn
浙江新华印刷技术有限公司印刷
开本 889×1194　1/24　印张 $4\frac{1}{3}$
字数：100 千字
2011 年 1 月第 1 版　2025 年 1 月第 8 次印刷
ISBN 978-7-5478-0637-1/G·114
定价：25.00 元

PREFACE

鸽眼研究是一门潜科学

（代前言）

在我国，鸽眼的研究者既不是“光学教授”，也不是眼科医生，而是一大群文化程度不太高的赛鸽饲养者。所以，鸽眼的研究成果不是从实验室里做出来的，而是从大量养鸽、赛鸽的实践中取得的。例如20世纪我国鸽界在鸽眼研究中的“四字诀”，即根据优秀的远程、超远程赛鸽眼砂要求，概括为“干、老、油、亮”4种可视性特征；为鉴别优秀种鸽而确立的内线口理论；南京盛行的“眼脐说”，以及选“短、平、快”赛鸽和种鸽的“栉膜论”。这些都是从经验中获得后，再回到实践中去检验，经过无数次反复，得到鸽友广泛认同后确立起来的。可以说，至今有许多名词尚待统一，更谈不上上升到理性认识阶段。比利时有位养鸽家说过一句名言：养鸽赛鸽“经验比理论更重要”。这句话也道出了鸽眼研究的现状，但是，经验是感性认识，有一定的局限性，只有把感性认识上升到理性认识，把经验提高到理论，才能成为放之四海而皆准的科学真理。

在赛鸽界，对待鸽眼经验有两种截然不同的态度：一种是他们要在感性认识的基础上上下求索，志在把经验提到理论高度，要把感性认

识上升到理性认识；另一种是把宝贵的经验嗤之以鼻，一言以蔽之"不科学"，这种现象在国际鸽界尤甚。当"四圈理论"出笼时，有人就说"没有科学根据"。当"眼志理论"产生时，又有人说"不科学"、"当心眼志的陷阱"等。通常，一种新的认识在刚提出时，往往不够完善，甚至是欠科学的。正确的做法应当是：不完善的，使它完善起来；欠科学的，让其科学起来，从而达到科学的要求。科学不会这么偏颇和狭隘，把自己一时解释不了的"存在状态"判定为伪科学。用眼砂"干、老、油、亮"的标准来选择超远程赛鸽是经过无数次的实践总结出的经验。事物的多次出现才成为规律，怎能说它是一种非科学的存在呢？

笛卡尔说过"眼睛是心灵之窗"，鸽友们从鸽眼中看到鸽子的健康状况，看到它的智商高低，看到它的遗传现象，你能说他没有科学根据吗？这是一种带有浪漫色彩的比喻，是我们养鸽者在实践中发展了它。不知哪一位智者曾说过"牵一发而动全身"，今天科学家发现了遗传基因，一根头发经过化验，从DNA中作出亲子鉴定，实现了"牵一发而知全身"。今后有一天，当人们发现和破译了鸽眼的密码，实现了"看一眼而知全身"，你敢说这是不可能的吗？

话又得说回来，说鸽眼理论是"陷阱"，这是危言耸听；说它是"误区"，那也不符合事实。但是鸽眼理论在现阶段有它不完善的方面这是

事实。鸽眼理论即使完善起来了、即使提升到了理性认识阶段了，它也不是鉴鸽的全部，而只是其中的一个关键部分。一羽优秀赛鸽，要有好的骨骼和肌肉；要有好的智商和心脏；要有好的翅膀和羽质，等等。如果是冠军鸽，还要有一个与你棚舍的地理环境和参赛鸽特性相适应的气候条件。一羽优秀种鸽除了有这些好的器官外，还要有好的遗传特性才能把这些优秀基因遗传给下一代。所以，鉴别一羽鸽的优劣要全面观察，综合分析，鸽眼再好也只是它的一个部分。“倾国宜统体，何须独赏眉”，用这样一种理念去看问题，那么什么“陷阱”、什么“误区”都不存在了。

在现阶段，我国鸽眼的研究还没有先进的科学仪器，主要还是依靠养鸽者用自己的双眼从各种可视的物体中去观察的。设想一下，如果我们能再辅以先进的观察工具，那么相信鸽眼的研究定会很快发展到一个更高的水平。很明显，如果没有医用眼底镜，就不可能有今天的栉膜理论；再如，眼砂的“干、老、油、亮”是人们用双眼直接看到的，有了放大镜，放大倍数不断提高，人们可能用20倍放大镜发现内线口的存在。当然，有了先进的观察工具，并不是不要凭借经验的肉眼观察。两者是相辅相成的，不是排斥关系。事实上，在鸽眼研究中，许多可视物体是看得见、摸不着的，或者瞬息即逝的，所以研究者在丰富的实践经验基础上引发出来的悟

性，往往起着极为重要的作用。

生物学对人眼的研究是从解剖着手，早已出了科学的定论，而人眼的结构和鸽眼的结构基本上是相似的。但是对人眼研究的唯一目的是在视觉功能，而鸽眼研究的目的远不只视觉功能，更重要的目的有遗传、归巢导航、飞行距离和速度等诸多方面。它们是两条轨道上跑的车，方向和手段都不一样。美国康奈尔大学有个飞禽研究所，研究赛鸽归巢导航、鸽病防治、赛鸽飞行等许多课题，唯独没有鸽眼研究的课题，因为用现代生物学指导鸽眼研究，结论只有一个：鸽眼理论“不科学”。

冠军鸽子都有一双好眼睛，有一双好眼睛的鸽子不一定拿到冠军。有人分析，至少有“108种因素”影响到比赛的结果，这也是赛鸽魅力之所在。用鸽眼理论去直接指导养鸽和赛鸽，这将是一项旷日持久的系统工程，在养鸽和赛鸽的历史长河中，鸽眼研究尚属少儿时期，是一门令人感兴趣的、值得为之付出的潜科学。

编著者

CONTENTS

目 录

一、我国鸽眼研究历史回顾

欧美的赛鸽大家和日本的"鸽眼大侠"都认为鸽眼理论是20世纪50年代在欧洲开始风行，翻开历史资料果然不假。1949年英国养鸽家C·T克雷斯登编著出版了《信鸽眼睛的秘密》。同年，英国比沙波新著《鸽眼的秘密》问世。接着，澳大利亚尺·弗莱明再来一本《鸽眼的应用》，再往上追溯就是1895年弗尔敦所著的《鸽子大全》，上面也有一节有关鸽眼的文字。

我国鸽眼研究从何时开始？是不是在现代赛鸽运动启动后由国外传进来的？我国鸽友是否在"东西融合"中采取过"本土化"行动？

对于我国鸽眼研究起始问题的探索，不能以口头相传为证，也不能以人云亦云作据，更不能以传统结论定局，必须从历史资料中去求索，"实事求是"。

1. 我国鸽眼研究始于明代

在明代的《本草纲目》中提到鸽之"眼目有大小，黄、赤、绿色而已"。当时只是在论述鸽子入药时提到鸽眼，没有必要把家鸽的诸多品种集中起来进行鸽眼色素区分。但是该书对鸽眼的概括，在当今仍是养鸽者鉴别鸽子眼砂的标准。"黄"即鸡黄，"赤"即桃花。另外，还有一种"绿"色。时下的赛鸽饲养者都知绿色的眼志已极为罕见，而绿色虹彩是没有的，传说使后人费解。但只要看过《本草纲目》下册的木刻插图的鸽子，知其是一羽幼鸽，而幼鸽的虹彩都带有一点绿油油的颜色，想必是描述幼鸽的。

在我国养鸽史上，明末张万钟(1592～1644)是一位养鸽家和鸽子著作家。他的鸽子专著《鸽经》闻名于世，不仅是我国养鸽"圣经"，也是世界鸽界的"圣经"。

《鸽经》是研究鸽子品种、特征、眼睛、欣赏、饲养的专著。书中以鸽眼虹彩(面砂)为研究的出发点，归纳出六大类、25种鸽眼表现。一是金眼，包括金眼、白

我国明代医药学家李时珍(1518～1593)

《本草纲目》论鸽插图

金眼、淡金眼;二是银眼,包括银眼、皂银眼;三是豆眼,包括豆眼、豆碧眼、蓝豆眼、鹰背豆眼、墨花豆眼、墨青豆眼、紫碧眼;四是玉眼,包括玉眼、皂玉眼、紫玉眼、蓝玉眼;五是火眼,包括火眼、火斑眼、火睛狗眼;六是沙眼,包括沙眼、火斑沙、金沙、红沙、豆沙及西熬(藏獒)睛。张万钟在明末,通过观察,能对鸽眼进行分类说明,可见其对鸽眼研究有独到的见解。

张万钟在"论鸽"一章中曾这样描述过:"辨飞之格,先论眼,次论宿。"这句话很有意思,也非常深刻。他把判断一羽鸽子能否善飞的标志,首先定位于鸽子的眼睛,其次再考虑鸽子的品性和身姿。可见张万钟是把鸽眼与飞翔速度联系起来的"世界第一人"。同时,他还考虑到把鸽眼与品系、性格、身姿、状态等综合因素整合起来，具有现代"鉴眼整体论"的意境。他认为如果鸽子一对眼睛不好，其他因素都好，也不算是优良鸽子。"诸榜俱备，如双睛违式，亦不入选。""式"是标准、规格的意思。他认为鉴别赛鸽优劣主要看眼睛。"飞放论神，目光如电者其神旺。"《鸽经》虽说不是一本鸽眼专著，但书中用了大量篇幅论述了鸽眼的种类、优劣和怎样使用等。据专家考证，《鸽经》成书距今已有300多年历史了，比欧洲同类著作早300多年。张万钟不仅完成了世界上最早一部鸽子专著，而且把鸽眼的研究推向一个新的高峰。

张万钟(1592～1644)著《鸽经》

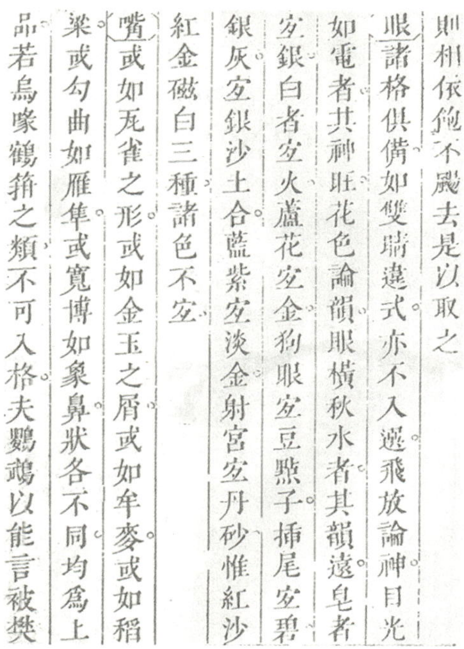

則相依徇不嚴去是以取之
眼諸格俱備如雙睛違式亦不入選飛放論神目光
如電者其神旺花色論韻眼横秋水者其韻遠皂者
次銀白者次火蘆花次金狗眼次豆點子插尾次碧
銀灰次銀沙土合藍紫次淡金射宫次丹砂惟紅沙
紅金磁白三種諸色不次
嘴或如瓦雀之形或如金玉之屑或如牟麥或如稻
粱或勾曲如雁隼或寬博如象鼻狀各不同均爲上
品若烏喙鶴箝之類不可入格夫鸚鵡以能言被樊

《鸽经》中论鸽眼部分节选

《广东新语》由屈大均(1630～1696年)所作。他在"鸽"一文中写道:"鸽之高下在目。目有黑底无青者,黑底柿黄者,黄油白色者,焦油者,以此四种为上。其睛清而深,有重晕,以日照之,精光四闪,晕边复有血粒,如石榴子,则极聪慧者矣。"这段话的本意是:参加比赛的鸽子速度与水平在于鸽眼的色素与结构。鸽眼以黑底色为主且无青色渗入;鸽眼为黑底色而砂粒为柿黄色;鸽眼色彩黄中挂油并有闪光的眼神;鸽眼无论是面砂还是底砂干得发焦并有油彩的光亮,这四种眼色及其结构的鸽子为优秀比赛鸽。观察与鉴定鸽眼的要求:砂面要有重晕,当太阳光照着眼睛,鸽眼便闪闪发光、炯炯有神,在晕后的砂面中有粒子般的光彩,就像石榴的色彩,那就是极其聪明,即反应敏捷、定向正确、充满活力的比赛鸽。

屈大均不仅描绘了所观察到的鸽眼的一般特征,而且把鸽眼中瞳孔、底砂、面砂、智慧砂及其油层、干、老、厚实(堆积起重晕)等结构特征都揭示出来,虽与现代鸽眼研究作用表述不一样,但实质是相同的。

2. 我国近、现代鸽眼研究成果

上述3位代表性人物对鸽眼的探索与研究,足以证明我国鸽眼研究从明代起始。其实,这种研究具有历史的延续性和创造性。比如,在20世纪20年代,于照非在《都门豢鸽记》中提出对鸽眼"整体研究"的观点,30年代以李梅龄为代表的"十大眼砂"的研究,50～60年代汪顺兴发表过有关眼砂的独到见解,直至70～80年代我国鸽友开始对"内线口育种"和"鸽眼栉膜"的深入研究等,充分显示出我国研究鸽眼的全景图。正如本书前言中所言:"用鸽眼理论去直接指导养鸽、赛鸽,这将是一项旷日持久的系统工程,在养鸽赛鸽的历史长河中,鸽眼研究尚属少儿时期,是一门令人感兴趣的、值得为之付出的潜科学。"

于照非在《都门豢鸽记》书中说:"眼之别有'金眼'、'葡萄眼'、'豆眼'、'沙眼'、'隔楞眼',以眼熊之色彩别也。"他说的"眼熊",即现在所称的"眼砂",用以区分鸽眼色素类别的依据。他对五种鸽眼类型进行较为明确而又细致的描述:"金眼"者,谓近瞳孔一圈为黄色,黄色之外圈为红色，红色之外又围以橙黄色，即现在所谓的虹彩膜。“葡萄眼”者，近瞳孔处为绿色，外围以紫葡萄色，再外为墨绿色，莹微若葡萄然。“豆眼”似葡萄眼，但颜色更褐，且多斑纹。“沙眼”者，两目之虹彩上有红点，间有血点，俗谓“沙眼”，甚少。“隔楞眼”者，一眼砂上，兼“金眼”、“豆眼”各半者也，最为下驷。显然，他对鸽眼的研究比鸽界前辈要科学得多，也详尽得多。

在研究鸽眼的同时，于氏还对鸽子的眼皮有所思考。他认为：鸽眼眼皮有宽窄、粗细和色泽之别；宽而细腻，若白蜡者，为上乘；窄而粗糙，红若丹火者，为最下驷；宽窄、粗细在上述之间，色泽浅黄者，为中材。

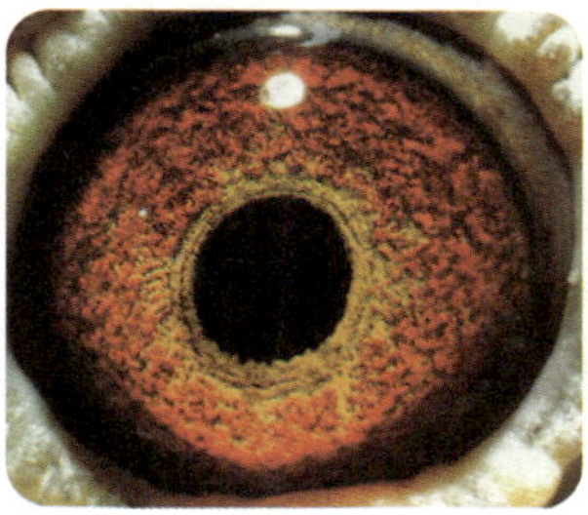

金 眼

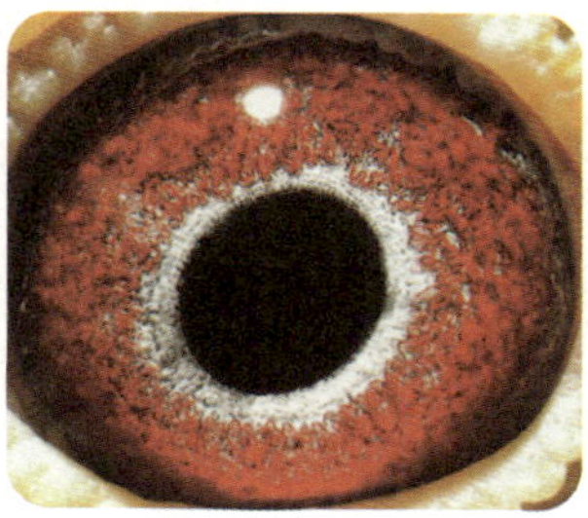

银 眼

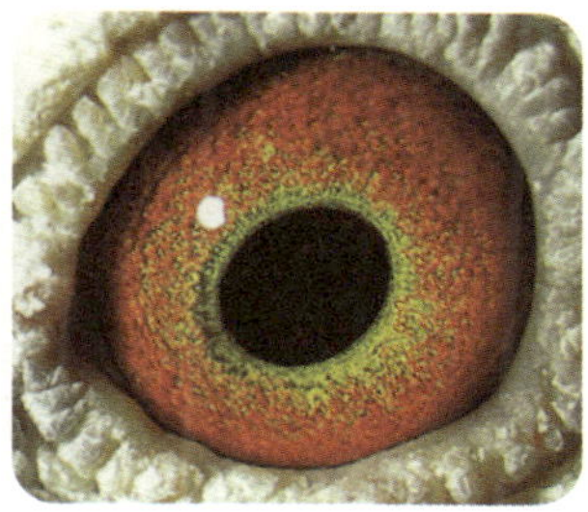

绿 眼

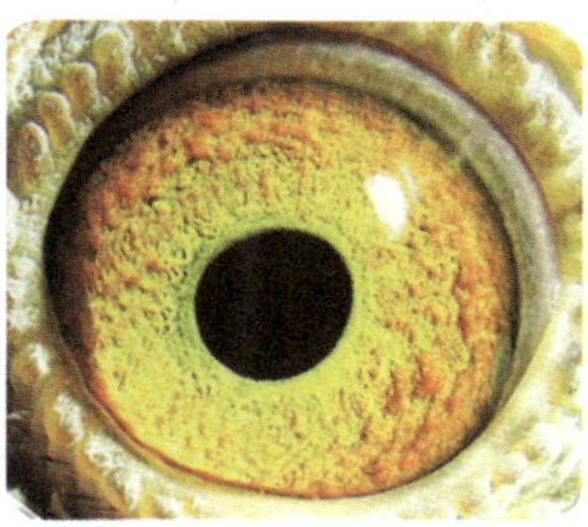

豆 眼

黑 眼

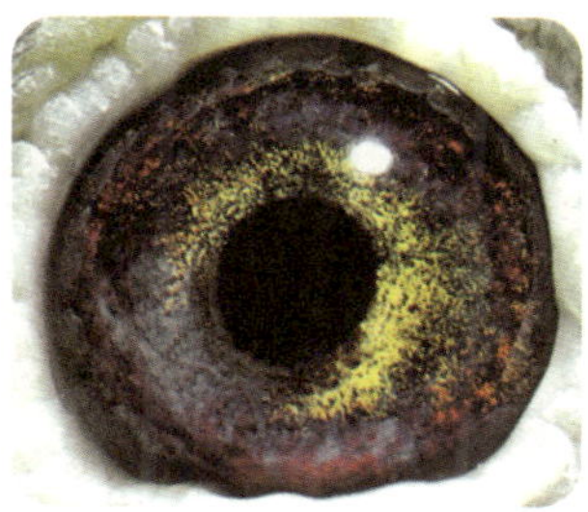

隔 楞 眼

于氏对鸽眼的研究另有一功，他不是孤立地讲这双眼睛好、那种眼睛不好，而是与羽色结合起来，以判定鸽子的好坏。比如：他认为，黑鸟。谚云："十个鸟，九个乏，得到一个就不差"。此言鸟之善飞者也。鸽子眼砂有"金眼"、"豆眼"之别，"豆眼"在"点子"、"老虎帽"俱为瑕疵，独于"鸟"为可珍，谓之"豆眼鸟"。

有人也曾以为，于氏所讲的鸽眼是以观赏鸽为研究对象的。其实不然。在他那个年代，北京人玩鸽子主要有两大类：一类是挂哨放飞，每天清晨胡同口的上空都有大群挂哨鸽子在飞翔；另一类是对阵作战，以获得"鸽俘虏"为目的。他在《都门豢鸽记》序言中写道：且都门豢鸽，非如广东的"鸽会"，以为赌博也。亦非如军事家之传信鸽，以为邮率也。曰唯放之空中，或系铃，或不系，以与他群相争战，若战阵然……可见，于氏研究的对象是飞行鸽。而研究飞行鸽之眼睛对现代赛鸽鸽眼和整体价值取向极具启发性意义。

李梅龄（1888.10.30～1972.1.19），广东梅县人，"中国现代赛鸽之父"。他自小喜爱鸽子，他对鸽眼的研究很有造诣。后至上海行医，获德国医学博士。李梅龄博士在"赛鸽人生"中创造了许多第一，比如：1930年第一个从德国引进优秀赛鸽名系；第一个代表中国人在1935年放飞天降（空距950千米），打败了英美诸多强家，荣获1～5名；第一个取代了洋人掌控的"上海信鸽俱乐部"，在1936年当上改名的"上海信鸽会"会长；第一个在20世纪30～40年代因赛绩彪炳而成为赛鸽大师；第一个培育了适应中国远程、超远程比赛的"李鸟"，并在国内鸽界广为传播……其实，他还是一个鸽眼眼志的信奉者，可谓中国现代赛鸽运动以来鸽眼研究第一人。

李梅龄博士鉴别鸽子时非常重视眼睛。他认为，鸽眼的位置应在嘴角线的上端，且越接近头顶端的鸽子越聪明，这是一羽好鸽子的标志。要求瞳孔要圆，眼志要宽，朝向喙的一方要呈现出黑丝。平时，他一手握鸽，一手就拿着5倍放大镜仔细观察眼志，对深色阔边的眼志特别喜爱。

根据李梅龄博士多年的实践与观察，从正反两方面实际经验出发，参照外国信鸽书刊上的一张关于鸽眼的彩照，请人描绘了一幅"眼志图"。此图有10只鸽眼，用水彩颜料绘就，笔触细腻工整，俨然似一位画家的作品。图上10只鸽眼朝着一个方向，还编了顺序号，可惜没有文字说明。这幅"眼志图"共复制了4张，李梅龄博士除了自己留了1张外，分别赠予张志清、汪大同和李海耿。现在仅存留1张，其他均已散失。据上海某些鸽界先辈透露，李梅龄博士最喜欢的是第一种和第十种眼志，现解读如下。

第一种眼志：鸽眼色素为黄眼，表现为金黄色泽底砂与淡枯黄面砂相映衬的结构。其瞳孔圆润、居中；阿尔砂为绿褐色，较宽，绕瞳孔一周，并呈锯齿形前荡角状，配以较深的刻线环绕阿尔砂边缘；底砂厚实，面砂细腻清晰，伴以良好的透气度。若按现行鉴定鸽眼的标准评定，此鸽适宜飞300～1 000千米各种赛程，也是不可多得的种鸽。

第十种眼志：鸽眼色素也为黄色。典型的深黑色阔带全圈形前荡角阿尔砂；底砂呈金红色，充满着活力，显得十分厚实；面砂呈深红色，有些微紫，均匀地分布在整个眼球内；外封砂又黑又粗，围绕在眼球的四周，显示出极为优秀的抗逆性和智慧。若按现行鉴定鸽眼的标准评定，此鸽当属一羽优秀的种鸽或赛鸽，其在远程乃至超远程比赛中有机会名列前茅。

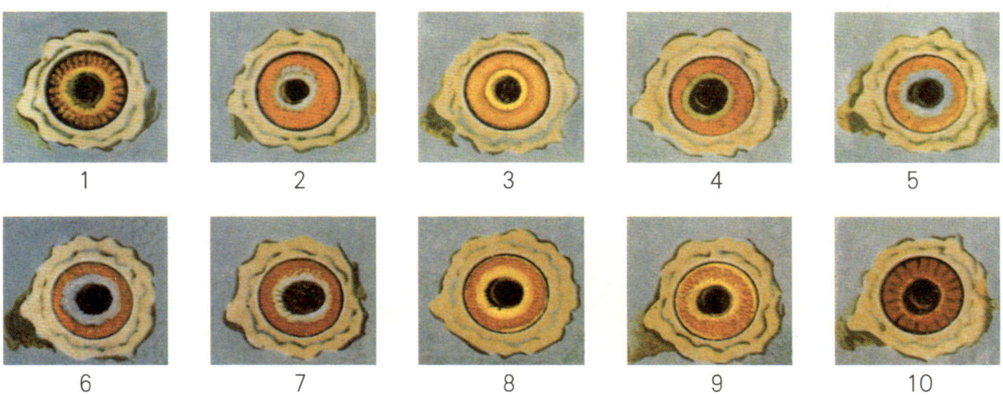

李梅龄研究的眼志图

二、超级鸽眼和特色鸽眼鉴赏

1. 鸽眼生理结构

(1) 鸽子眼球的构造

①晶状体：被韧带悬在虹膜之后玻璃体之前，起透镜作用。

②瞳孔：光线成像的主体。

③虹膜：犹如照相机的光圈。

④前室（眼前房）：透晰光线。

⑤角膜：具有聚光作用。

⑥巩膜板：保证眼球自由移动。

⑦巩膜：具有保护眼睛的作用。

⑧脉络膜：起遮光的暗房作用。

⑨视网膜：连同视神经与大脑视觉中枢，似胶卷成像。

⑩玻璃体（眼后房）：具有屈光和固

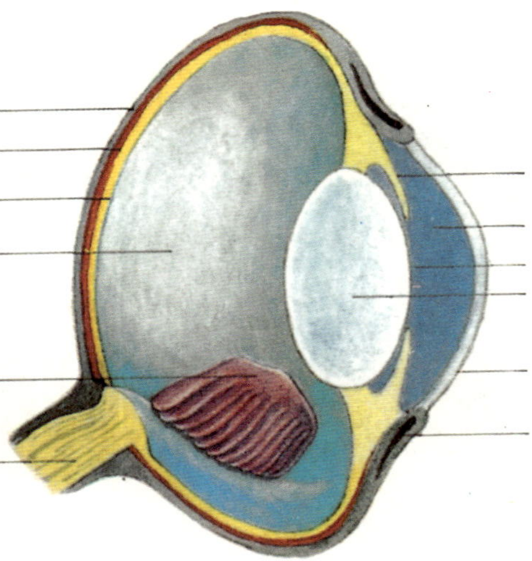

鸽眼纵切解剖图

定视网膜的作用。

⑪栉状体：能感觉视网膜上的成像移动。

⑫视神经：由特殊感觉纤维组成，具有传导视觉冲动的功能。

（2）鸽眼生理切片解剖图

1988年，鸽友陈长远医生对鸽眼做了一次科学实验，试图从虹彩（眼砂）中找出感光细胞，以证明鸽子的视觉功能对归巢产生的作用。他请了两位病理科主任医生，花了2个月的时间，对鸽眼作了生理解剖。用了10余羽鸽子，分为两组，把鸽眼冷冻以后切片，在放大500～2 000倍后观察眼砂、眼志和品性圈等细微结构，拍摄了36张彩色照片。结论是：眼砂不是感光细胞，而是由血液和色素细胞组成；眼志和品性圈是两块肌肉。

2．鸽眼视野与“六环”标示

人类对鸽眼的认识和探索经历了相当长的一段历史时期。从外观上看，鸽眼在鸽子头部占有明显的空间。鸽子眼球直径大约15毫米，而脑的直径仅有6毫米，两者表面积相差2.5倍。从鸽眼外表看，其大小约5毫米×7毫米，呈椭圆形球状体，差不多为香烟过滤嘴横切面那么大。这是鸽子飞翔与生存需要的进化结果。

鸽子的眼睛长在头部两边的上方，能够在最大视野范围内观察周围的环境。鸽子的眼球受6根肌腱控制，同时，鸽眼视网膜内有100多万个神经元，能检测图像的基本元素，如运动、强度和颜色等，还能在快速飞行中敏锐地把物像聚集在视网膜上。既通过睫状体收缩改变晶状体的形状与距离，还可以改变角膜的凸度，发挥远程视觉与近视觉的“双重调节”作用。另外，它还能用每一只眼睛看到独立的“正面”，发挥了“单视眼”视觉的作用；鸽眼又能像人类那样用两只眼睛聚焦看到前方的物体，发挥“双视眼”视觉的作用。据研究，鸽子依靠“双重视力”的视野约为300°区域，能在晴天看到120千米远的标志性建筑。如果鸽子要上下前后全方位观测外界的动静，必须还得依靠头和颈的协同配合，才能满足寻找目标、逃避天敌和定向飞翔的需要。

倘若更深入一步对鸽眼进行研究，即从鸽眼的生理结构转化为赛鸽标志性构造来观察与研究。这里，我们把研究鸽眼的“标志性组件”标示出来，供大家

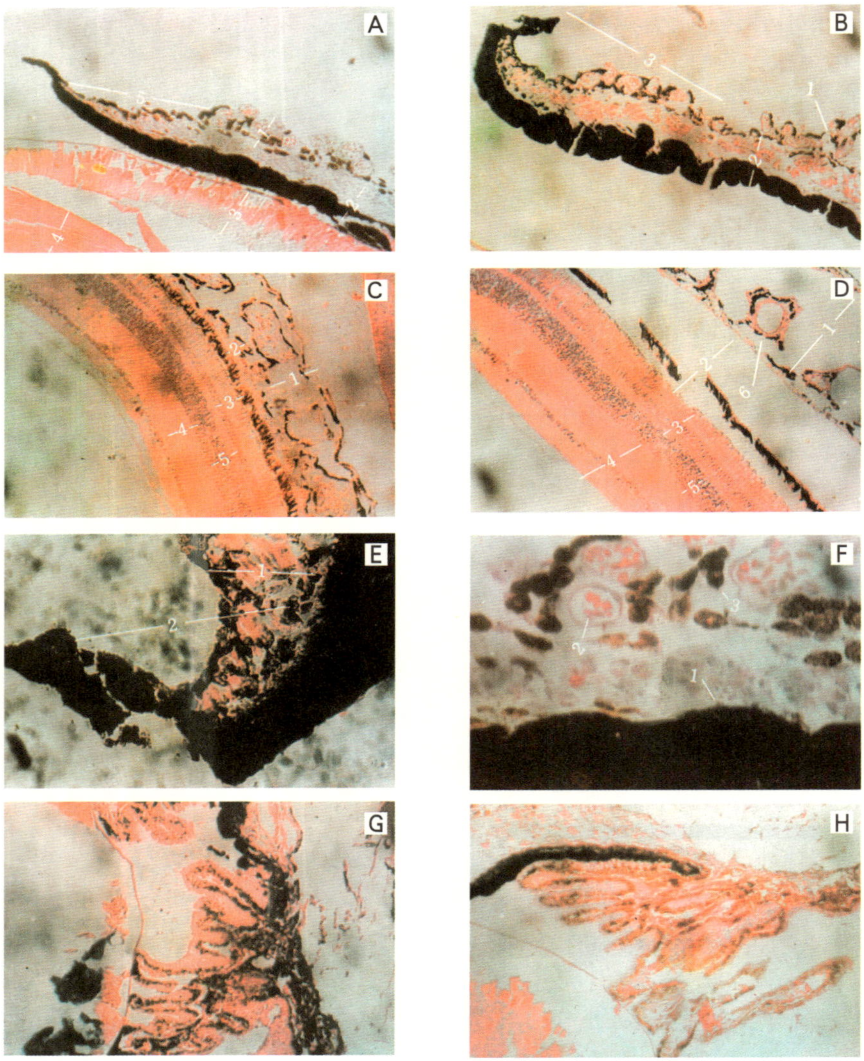

鸽眼生理切片解剖图

参考。具体如下：

(1) 瞳孔

俗称乌珠、眼孔等。

(2) 内线口

也称内圈、顺应圈、品性圈或育种圈。

(3) 阿尔砂

眼志和相关圈的别称。

(4) 底砂

又称底板。

(5) 面砂

又称虹彩、砂粒、砂面等。

(6) 外封砂

如把底砂与面砂合称为虹膜或眼砂，则有第五环之说。

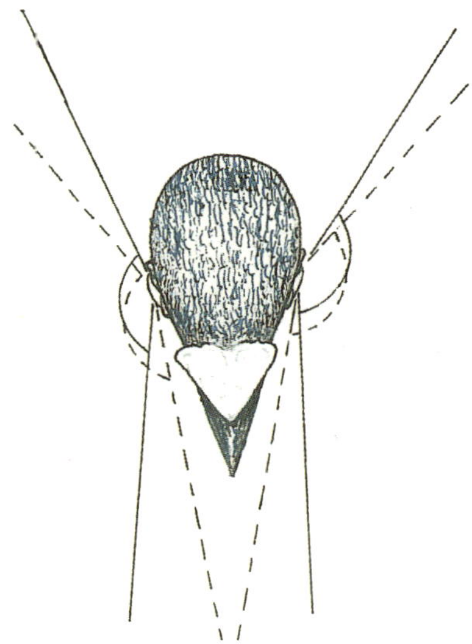

鸽眼“双重”视力的观测视野

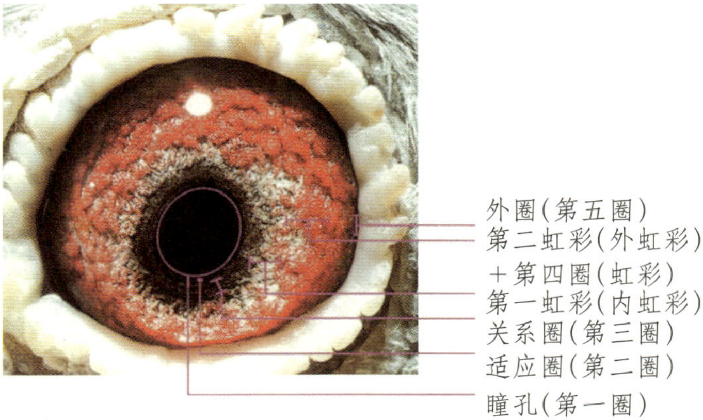

鸽眼“六环”标示

3. 眼砂类型

由于历史与地域的不同，全国各地对鸽子眼砂的说法也不同。为了统一对鸽子眼砂的认定和分类，也为了便于与世界鸽眼说法接轨，我国信鸽协会于1986年在大连的"全国信鸽科技工作座谈会"上统一了眼砂用语，即鸡黄眼、桃花眼和牛眼。

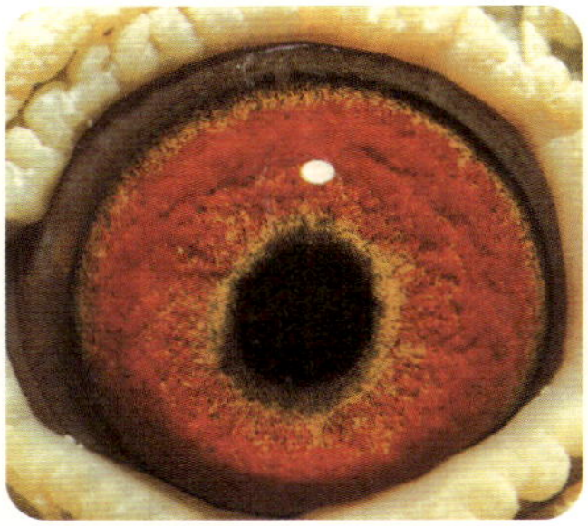

鸡 黄 眼

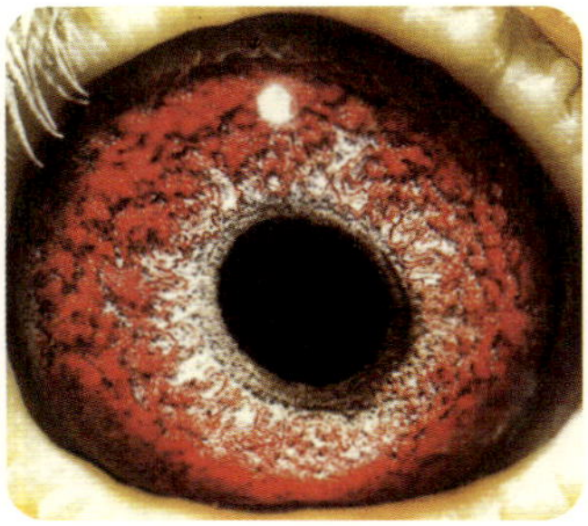

桃 花 眼

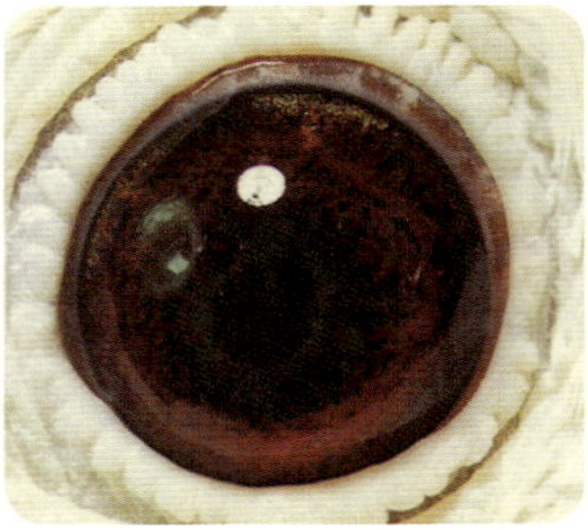

牛 眼

题 鸽 眼

阿 方

你是一碟佳肴，
捧在手里，
赤酱浓油，
曾醉倒无数痴迷。

你是一幅丹青，
山菊蔷薇，
天红地白，
令画师惊叹不已。

你是一道难题，
生物生理，
导航育种，
劳学家竞相解谜。

你是一段乐谱，
五线音区，
胡琴琵琶，
高奏和平新世纪。

4. 鸽眼类型

鸽眼的面砂一般都是红色的，底砂有不同色彩，以区分出鸡黄眼、桃花眼和牛眼等。每一种眼砂又分出淡、中、深等，变化无常，引人入胜。养鸽子以比赛为目的，但对鸽眼的鉴赏不仅是养鸽者的最爱，也是一种审美享受。

(1) 鸡黄眼

分淡鸡黄、中鸡黄、深鸡黄、枯鸡黄（也称"巧克力"）等。

(2) 桃花眼

分淡桃花（也称"白桃花"）、中桃花、深桃花（也称"杨梅桃花"、"紫桃花"）和烟灰桃花（也称"黑桃花"）等。

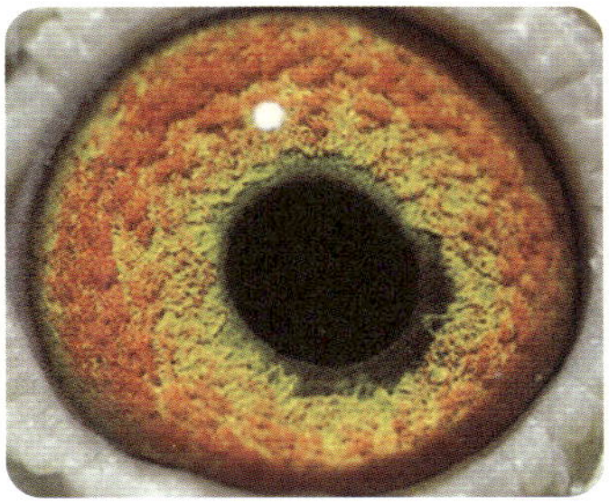

淡鸡黄

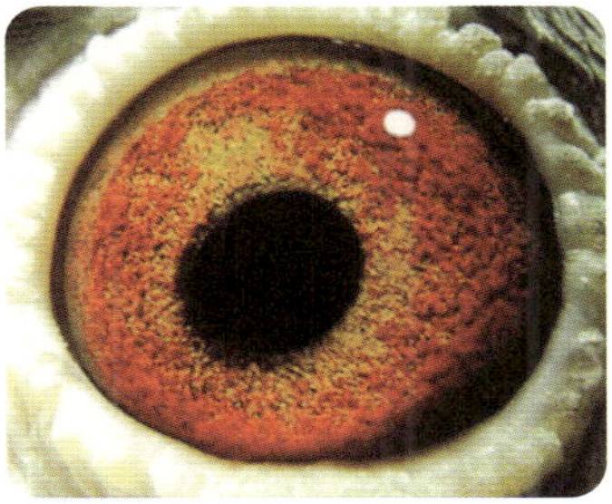

中鸡黄

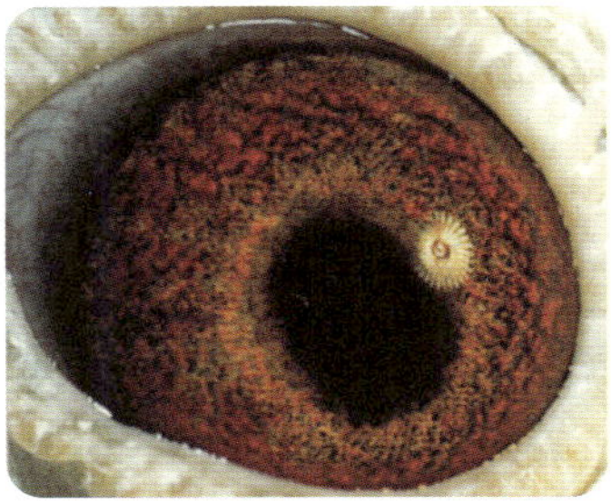

深鸡黄

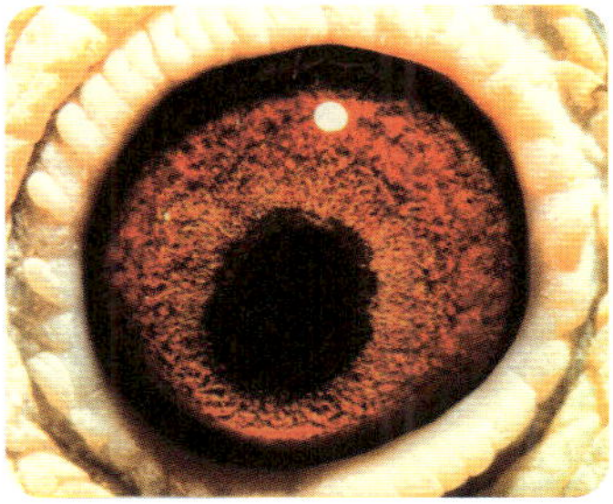

枯鸡黄

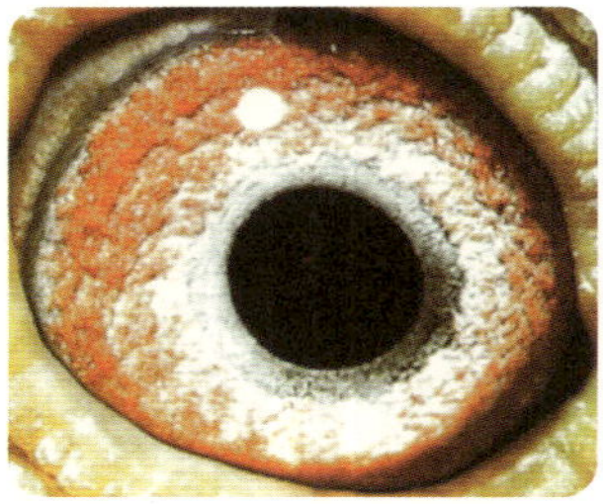

白 桃 花

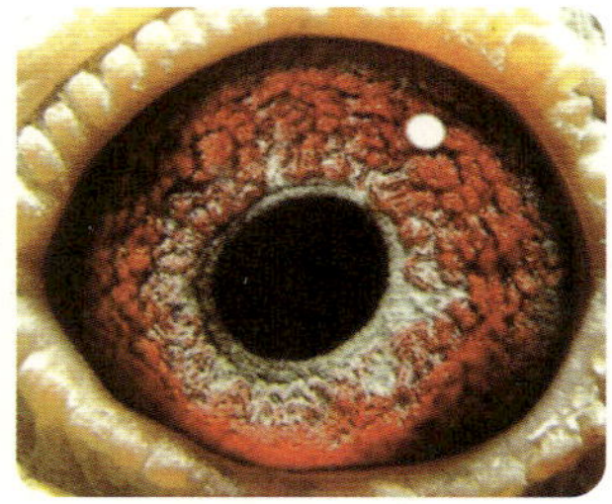

中 桃 花

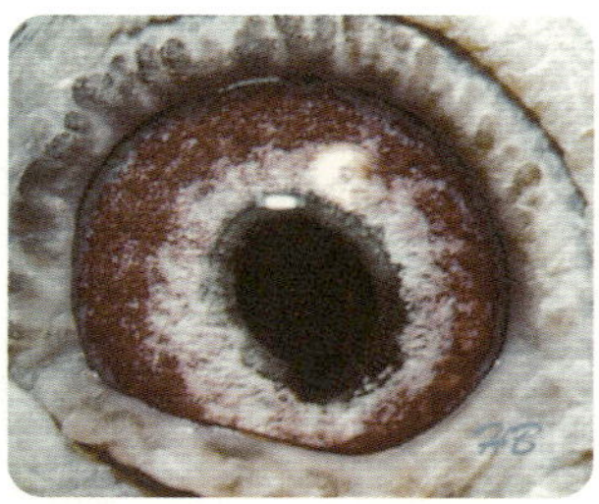

紫 桃 花

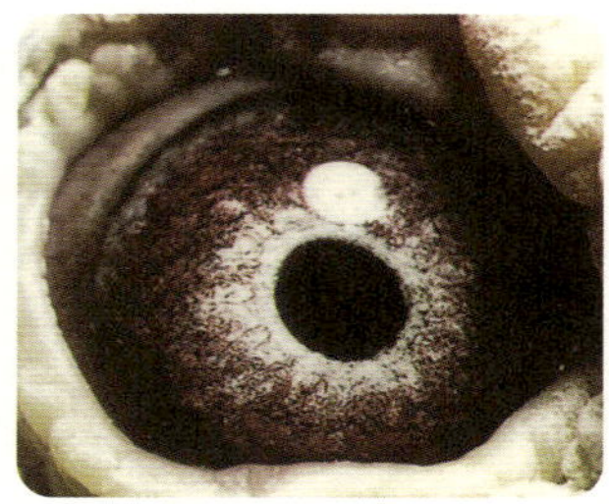

黑 桃 花

(3) 牛眼

分黑眼(看不见瞳孔)、火油眼(像一团烈火)及牛夹白、牛夹红等。

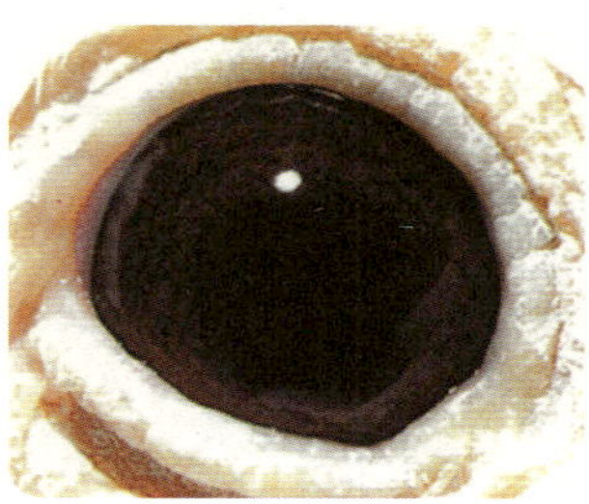

黑 眼

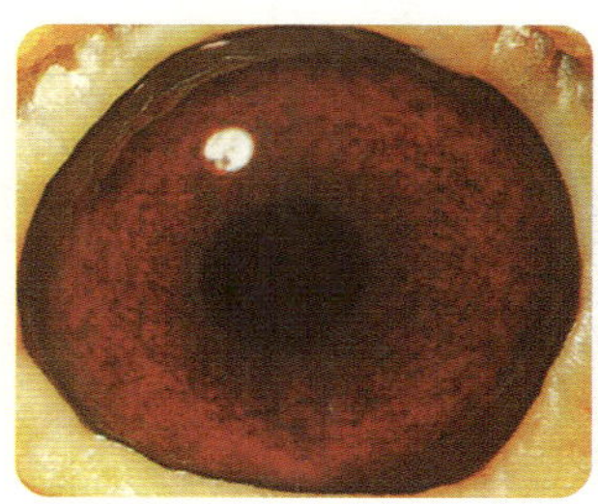

火 油 眼

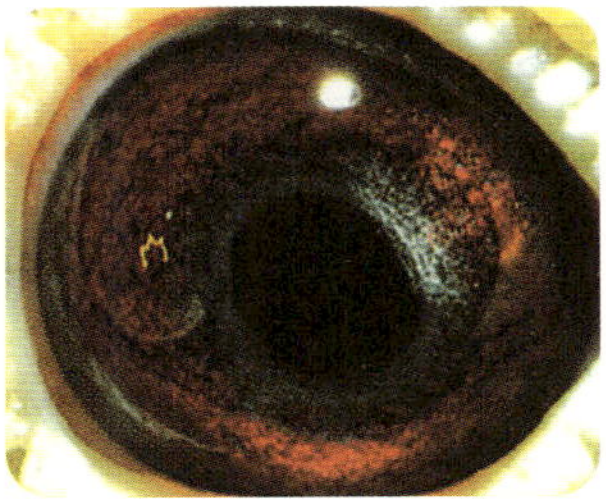

牛 夹 白

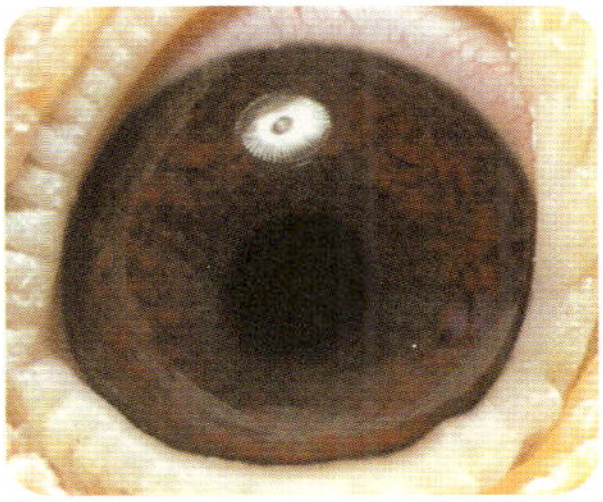

牛 夹 红

(4) 鸳鸯眼

即两只眼睛的眼砂不同，常见的有以下几种。一只是鸡黄砂或桃花砂，另一只是牛眼，这类鸽眼较多，生在白鸽子头上的更多；一只是鸡黄砂，另一只是桃花砂，这种眼睛较少；还有一种非常罕见，一只是桃花砂，另一只是满眼银砂，人称"珍珠目"，有人以为是鸽子生病的后遗症，其实不然。

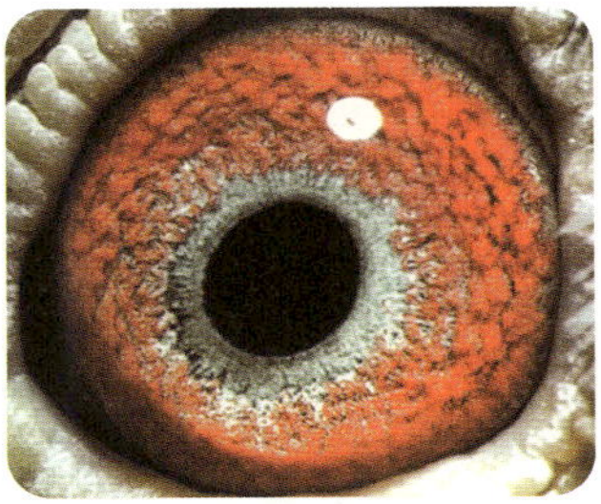

桃 花 砂

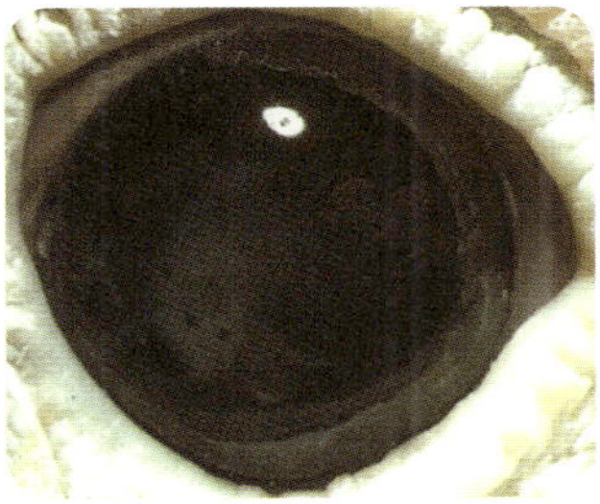

牛 眼

鸳鸯眼(1)

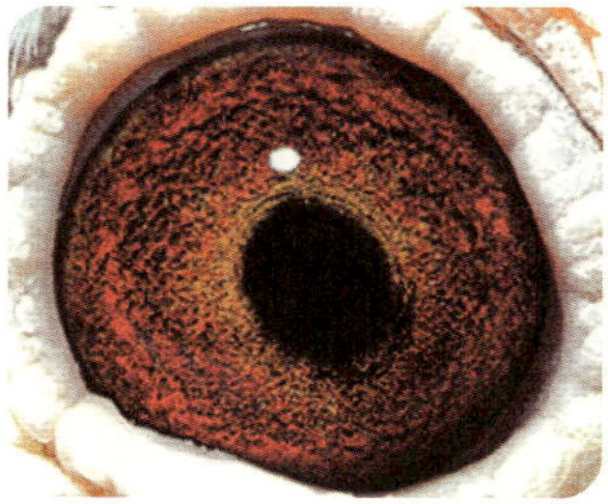

鸡 黄 砂

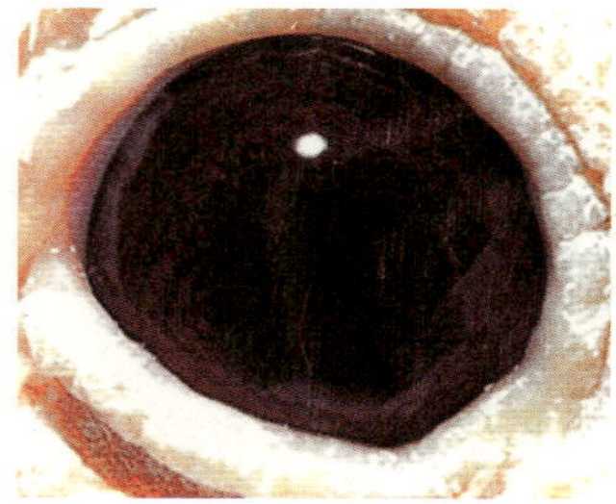

牛 眼

鸳鸯眼(2)

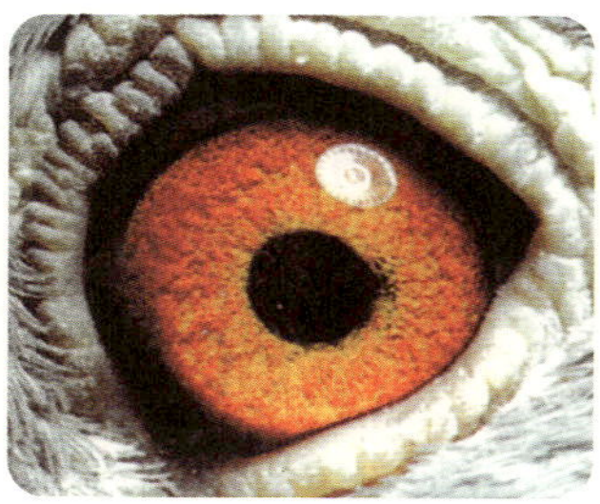

鸡 黄 砂

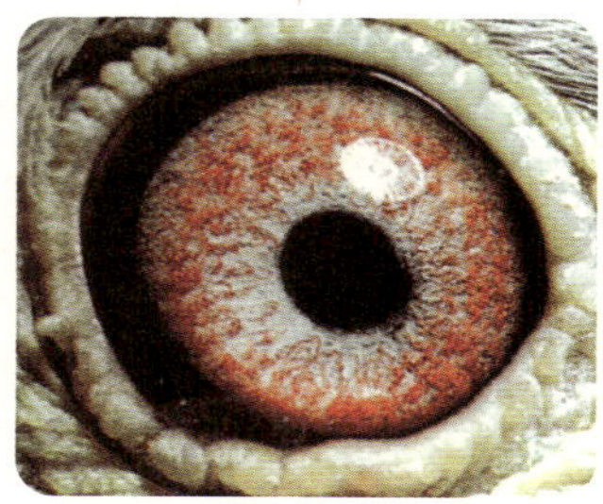

桃 花 砂

鸳鸯眼(3)

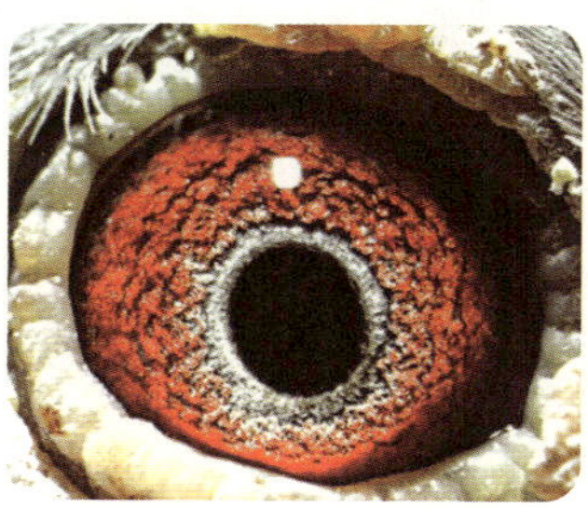

桃 花 砂

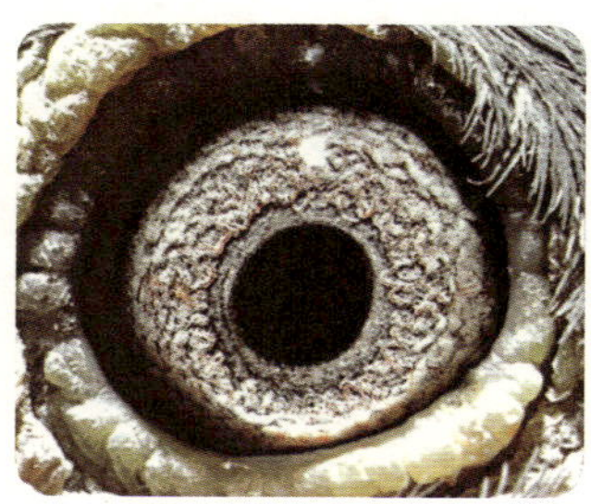

银 砂

鸳鸯眼(4)

(5) 特色鸽眼

①紫罗兰眼:研究阿尔砂的比沙波非常推崇此类阿尔砂鸽子的育种能力。这种阿尔砂生在深紫色或杨梅色砂眼中,且环绕瞳孔一圈,显得较宽。阿尔砂呈现瓷灰或瓷蓝色。据研究鸽眼专家认定:有显性和隐性两种紫罗兰阿尔砂。

②钻石眼:这是十分漂亮的鸽眼,似钻石般熠熠生辉。大滩底灰蓝色的瓷白底砂,显得既厚实又老成;紫红色面砂犹如"鱼虫"般地游走,显得空灵生动。阿尔砂具有全圈锯齿,且呈前荡角,因而香港鸽界元老说这钻石眼比钻石更漂亮。

③鳝鱼眼:其实是淡枯黄砂,因似黄鳝的皮色而得名。似秋日落叶般枯黄,又似琥珀那样诱人,明显表现为"干、老、油、亮"的优质鸽特质。此鸽眼黄色阿尔砂隐底,内线口细刺外出,底砂土黄色既细又密,焦土黄色面砂细腻、时隐时现,黑色外封砂环绕眼球一周。此类鸽育种能力颇佳。

④红血蓝眼:红血蓝眼鸽是我国古老的赛鸽名种之一。原产地福建漳州,至今纯血统鸽已濒临灭绝。鸽眼湖蓝色的底板,血红色的面砂似彩云般飘浮,灰绿色的阿尔砂全圈,黑色瞳孔反应敏捷。这种鸽眼似梦若仙、瑰丽无比。红血蓝眼鸽擅长夜翔,曾在18世纪远传欧美。

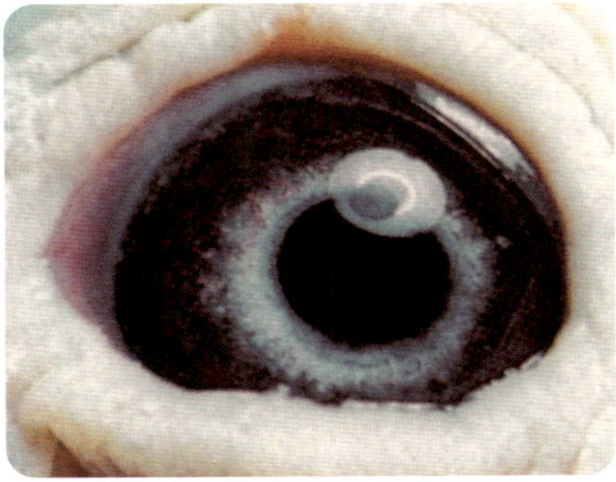

紫 罗 兰 眼

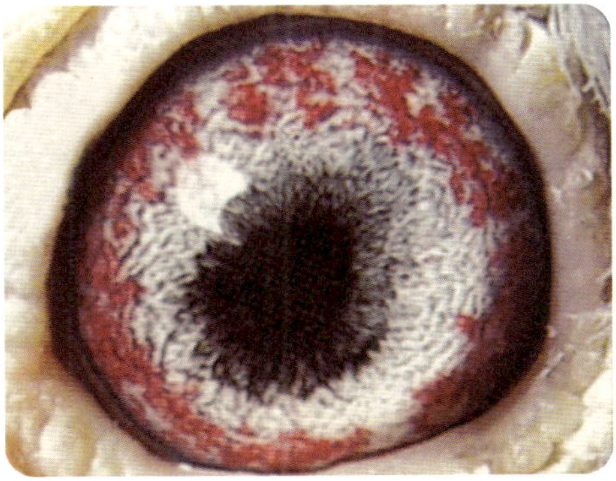

钻 石 眼

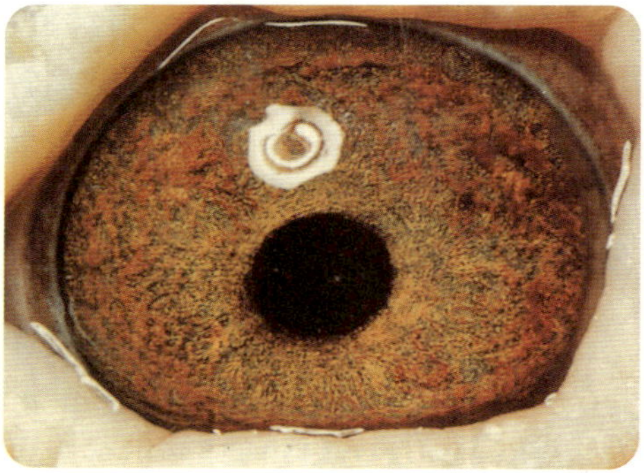

鳝 鱼 眼

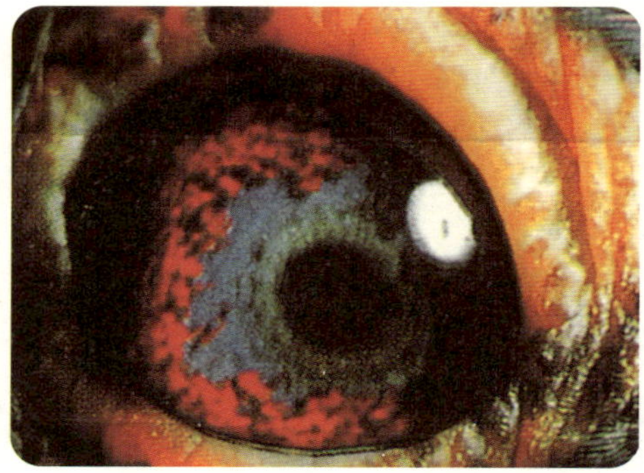

红 血 蓝 眼

⑤紫金白砂眼：具这一特征的鸽子是20世纪初我国养鸽者饲养的主要品系之一。其特色是干、老。洁白的底砂有疏松的紫红色砂面，大滩底底砂闪闪发光，蓝色阿尔砂环绕瞳孔一周，致使瞳孔显得既深又黑，在阿尔砂边缘的黑色"刻线"显得非常有力。此鸽眼即使与现行国外大名鸽鸽眼相比，也毫不逊色。

⑥流砂眼：流砂眼也称"针状眼"，与"点眼丛"有不同区别。"点眼丛"有点粒、

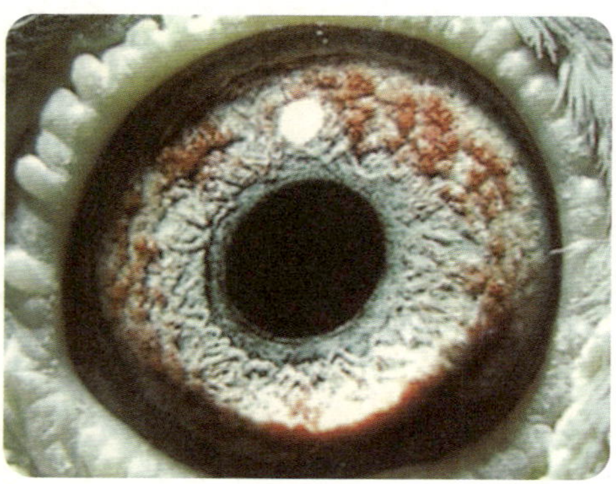

紫金白砂眼

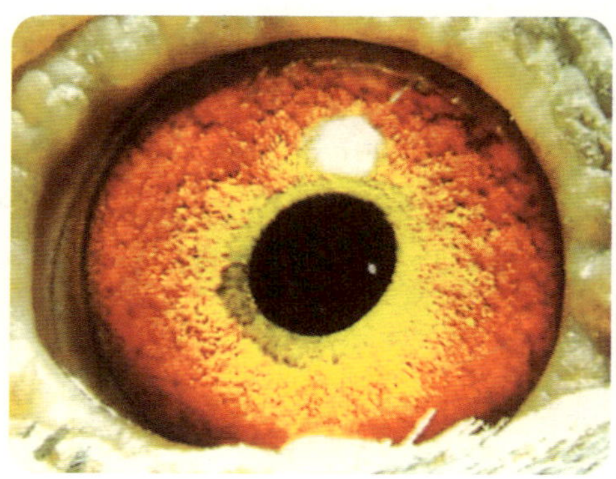

流 砂 眼

网状形、棒槌形等，处在静止状态，而流砂眼则在瞳孔中有针状的银色或金色的小颗粒，处在流动状态。

现此鸽眼有金黄色的大滩底，鲜艳的橘红细砂颇有堆积感，瞳孔靠嘴角方向有隐约可见的速度线，可见此鸽飞速颇快，又具有流砂特质，作种亦佳。

⑦比利时国家眼：此鸽眼有"红、黄、黑"三色，象征着比利时国旗。这种鸽眼是固耐鸽系的特征。朱红偏褐的是面砂；金黄色闪闪发光的是底砂，并以放射状滩底形态出现；黑色的智慧砂撒在面砂和底砂之间，显示出优秀赛鸽品质。固耐育出"比利时国家眼"，成为该国鸽界的"大帝"。

⑧兔子眼：这是一种非常罕见的鸽眼，目前只有在荷兰阿里维什品系的近血鸽口还可以找到。这种鸽眼的面砂为点粒砂，瞳孔乍一看为黑色，如仔细辨识则黑中泛红，在阳光下看得更清晰，恰似兔子殷的"红眼珠"，因而得名。据饲养兔子眼种鸽的鸽友介绍：具有这种瞳孔的鸽子在育种方面会给主人带来惊喜。

⑨点眼丛眼：点眼丛鸽眼一般在瞳孔内呈现一两点白色、银色或金色，而下图这羽鸽子的点眼丛竟有两团网状点眼丛，十分珍稀。

这羽鸽子所有者是上海首届国际公棚赛冠军得主——浙江黄岩阮积宝，于2000年赠给上海顾澄海珍藏。

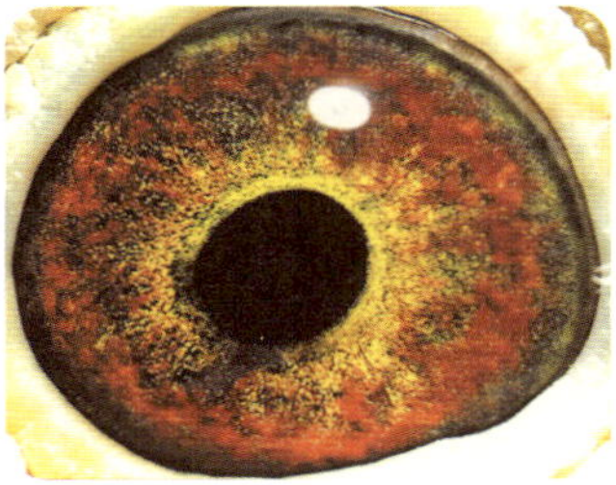

比利时国家眼

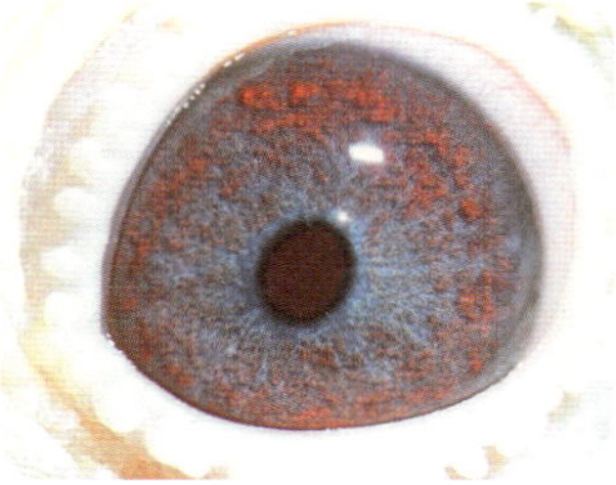

兔 子 眼

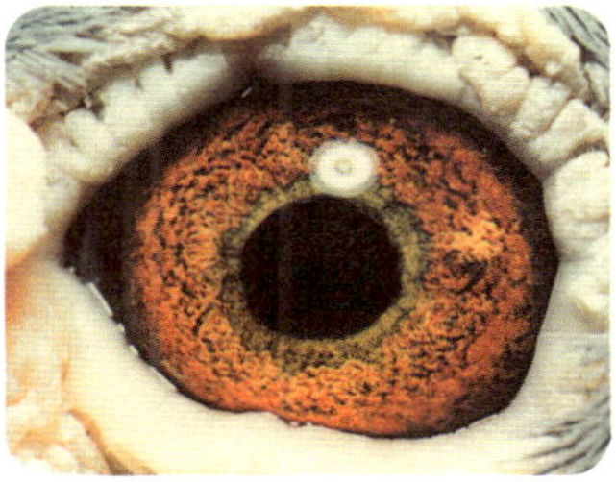

点 眼 丛 眼

5. 超级鸽眼鉴赏

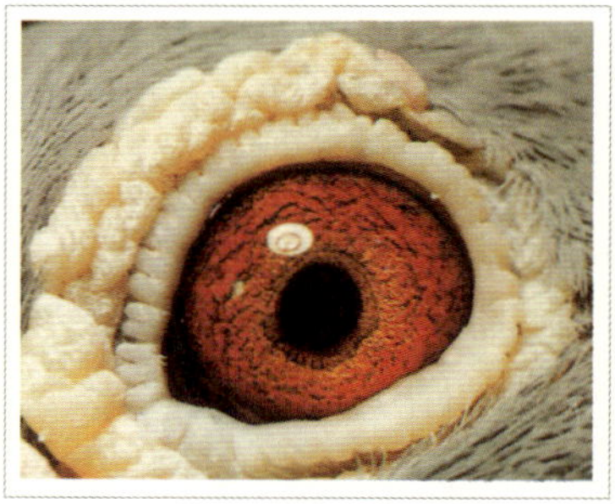

B82—6131211 ♂

比利时詹森兄弟作出

幼麦克斯

(1) 幼麦克斯

表现在一羽优秀种鸽或赛鸽的眼睛特征：反应敏锐的黑色瞳孔，呈椭圆形；内线口也十分发达，在6～9点的内线口"横刺"已突出阿尔砂；阿尔砂中宽、全圈、黄色，还延续着比较细的弧形"刻线"，说明遗传性或赛飞的意志力颇好；底砂显得枯黄色，色泽饱满；面砂细腻又厚实，并堆积成层层山脊，出现黑色的小沟；外封砂明显、清晰，但较细，这恰恰是中远程鸽的极速特征。

B76—6129297 ♂

比利时詹森兄弟作出

小 火 箭

(2) 小火箭

此鸽具有典型的詹森系眼睛的特征。眼砂清澈透底，圆形瞳孔墨黑，镶在正中，阿尔砂清淡、全圈并呈淡紫罗兰色，纤细的刻线在8～10点，表明该鸽在晴天近距离比赛中表现为快速鸽，但难于在恶劣天气中超常发挥。底砂清蓝而又显得较单薄，面砂桃红色而又十分细洁，看起来平淡无奇。其外封砂显得色弱而纤细，表明该鸽的抗逆性较差。詹森系的鸽眼还有一特征，即眼皮紧薄，紧扣眼球，到老一般不会形成“挡风眼皮”。

B81—6116651 ♀

比利时詹森兄弟作出

红 狐 狸

(3) 红狐狸

这是一羽詹森系绛色鸽老年时的眼照，表现出面砂与底砂干裂、厚实，特别是面砂既像垒起的山脊，又似层层飘浮的云片，使人看后爱不释手。此鸽的阿尔砂发达，全圈，并有良好的锯齿，还带有明显的“黑记”。在阿尔砂内还有两条呈弧形的“刻线”，显示此鸽具有顽强的意志及能飞翔中、长距离的品质。此鸽的子代在世界各地入赏无数，其孙代在200～1 000千米比赛中均获过冠军。1989年，当它8岁高龄时，由比利时售至日本；1994年，当它13岁时，由日本传入我国台湾地区。

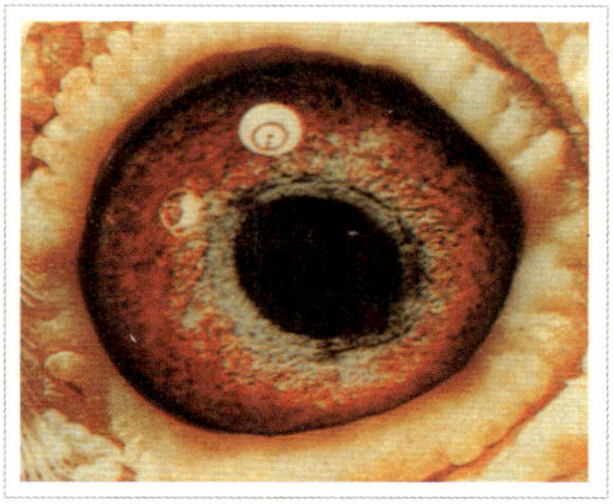

B82—6368104 ♀

比利时慕利门作出

火 凤 凰

(4) 火凤凰

由比利时引进的种鸽，因羽色而得名。追其种源则为凡登布希的极品。其白底红砂的桃花眼，显得品系十分纯正。眼睛的特色主要反映在底板厚实，有点泛蓝的瓷白色；面砂堆积，显得细腻、高耸；阿尔砂发达，较宽，全圈，前狭后宽，具有强势遗传的可能性。阿尔砂环上有3～4条明显的"刻线"，显示出此鸽的智商和耐力，尤其是内线口前倾，更能显示其育种的能力。此鸽眼不仅需要仔细端详、耐心揣摩，而且需要与应用实践相结合。

B82—6280170 ♂

比利时胡本作出

年轻艺术家

(5) 年轻艺术家

该鸽为胡本系的一羽大名鸽,共荣获7次冠军。此鸽种源成为胡本鸽群中育种的"顶梁柱",其子孙后代战绩辉煌,在比利时乃至世界鸽坛上均有出色的表现。其直子"索尼",是1985年KBDB中距离鸽王亚军,波治国家赛6名、9名;直孙"朋特"获波治国家赛14 873羽季军等。年轻艺术家的眼属枯鸡黄种鸽之眼。墨黑的瞳孔,全圈、发达的阿尔砂呈前荡角,且阿尔砂四周呈锯齿形。面砂干老、细腻,黑色的智慧砂撒在面砂空隙之中,外封砂呈深绿色并环绕眼球一周;底砂呈金黄色,又干又厚,呈细粒状。具此类鸽眼的赛鸽在赛场上叱咤风云之后,育种更为精彩。

B83—2350199 ♂

比利时电脑·戈马利作出

秃 头 199

(6) 秃头199

这是一羽世界大名鸽，也是电脑·戈马利创立霸世赛绩的主要种源。此鸽的眼睛人见人爱，按此眼结构评判，该鸽应当可参加800～1 000千米的比赛，当然也不排斥其后裔在短、中程比赛中有辉煌赛绩。此鸽底砂结实露底，面砂中粗、有力、呈云片式组合在一起，并有若干游丝伸入底板直至阿尔砂边缘。此鸽的阿尔砂为复合型，在全圈灰色宽阿尔砂的基体上4～9点处呈前荡角，并伴有两条游龙似的"刻线"，显得灵动智慧。在底砂和面砂间隙，透露出星星点点的黑色智慧粒子，特别是又深又黑又宽的环形外封砂，更为此鸽神奇的眼砂添上极其精彩的一笔。

HPPF1992—03998 ♂

泰国正大种鸽

36次冠军

(7) 36次冠军

正大品牌种鸽36次冠军的眼睛颇为独特，黑紫细砂结构，尤其是底板穿透十分细腻的面砂而显露出极其细小的白点，若十分遥远的星星，时隐时现。此鸽的阿尔砂几乎没有，而靠近阿尔砂的内线口则显得十分发达，在1～4点处则有4～5条“刺线”伸出，有的已伸入面砂之中。此鸽眼的最大特点是：眼色黑紫，砂粒细腻，瞳孔收缩。一种极强的育种优势在鸽眼中呈现，连续六代发挥突出，无论在什么天候下，一样光彩夺目。

NL97—5737159 ♂

荷兰彼得·米卫作出

罗　宾　159

(8) 罗宾159

此鸽眼金黄通透，色彩纯正，隐中见亮，是一羽不可多得的种赛鸽。瞳孔敏捷而又沉稳，呈"鸭蛋"形；内线口宽、亮并环绕瞳孔四周；阿尔砂又宽又纯正，围绕瞳孔，纯金色彩，还具有锯齿状，呈"刺头"辐射。此鸽眼底砂很黄，面砂很细，似金橘皮一般。面砂松弛，底砂滩底。这羽凡赛尔世界鸽王亚军，不仅本身在2 000～3 000羽比赛中荣获3次冠军，而且它的直子中有多羽荣获冠军或鸽王称号。

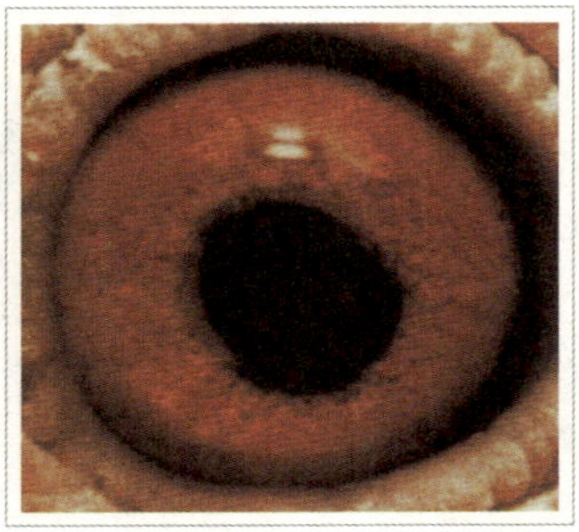

B91—6162118 ♀

比利时福乐·佛沃特作出

芬 尼 卡 5000

(9) 芬尼卡5000

福乐·佛沃特鸽系的幼鸽眼睛具有共同的特征，即细砂密集，油层光亮，反应敏锐，瞳孔乌黑。芬尼卡5000是一羽超级赛鸽，更是一羽黄金种母。该鸽获中距离和长距离KBDB鸽王冠军，其代表子代"阿斯克号"荣获奥林匹克鸽王冠军。此鸽瞳孔乌黑有神，内线口发达，阿尔砂全圈、具前荡角，并向底砂渗透。面砂红得发紫，砂粒细腻清晰，底砂厚实而呈小滩底状，并能穿透面砂而出现金色星点。外封砂环绕眼球边缘，深黑色而又光亮，从而真正显示芬尼卡5000与众不同的眼神风采。

B91—3002050 ♂

比利时乔治·波里作出

050号

(10) 050号

这是乔治·波里在养鸽生涯中的惊世之作。钻石种公。该鸽直接作出两羽比利时长距离全国冠军，直子"将军号"获卡奥尔国家赛冠军；"达克斯号"获达克斯国家赛冠军。观其鸽眼，总体印象是干燥、清晰、砂粒粗；其金光四射的全圈阿尔砂，四周有3～5条断断续续的"刻线"，这是中、长距离优胜鸽的显著标志。砂面干老，色泽光彩照人，红中略泛紫；底砂金黄，干老厚实，并带有放射状的滩底；外封砂又黑又亮，环绕眼球，显得非常有力而精彩；内线口发达，呈"刺头"向外溢出，表示出育种的强势遗传倾向。

B87—3206313 ♂

罗伯特·多布拉作出

小 斑 13

(11) 小斑13

该鸽具有典型的长距离赛鸽种鸽的眼睛,符合"干、老、油、亮"的优秀种鸽眼的根本要求。在它的眼睛结构里,从瞳孔开始,就显得又小又黑,反应及其机敏;内线口不仅发达,而且像水似地向瞳孔外四溢;阿尔砂发达,在绿褐色的全圈中呈现深黑色的前荡角;紫红色的眼球表面像涂了一层油,砂粒一层又一层,像云雾绕山更为精彩,并把底砂几乎覆盖。但从依稀可见的底砂中,仍可窥见底砂厚实而干老的粒子;外封砂又宽又黑,环绕鸽眼一周,尤其在整个鸽眼中,黑粒、黑纹等比比皆是,充分显示出此鸽的神秘育种能力。因此,此鸽被公认为世界四大种公之一,其26羽子代、孙代、曾孙代在各类比赛中获得过优秀名次。

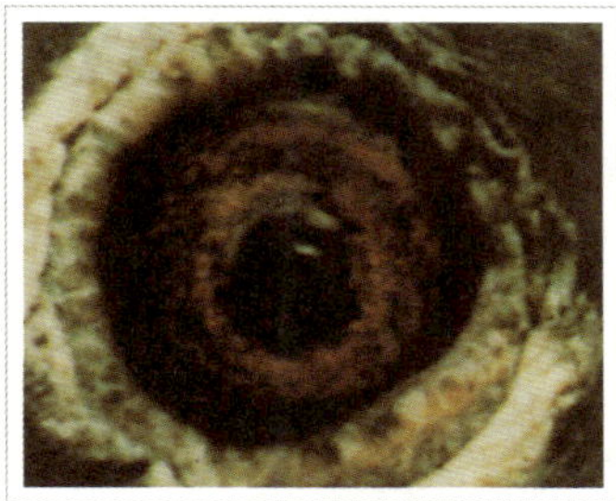

H63—1151390 ♀

荷兰凡·王路易作出

90号

(12) 90号

该鸽多次荣获圣维仙、达克斯、波城等国家赛上位名次，而且育出诸多优秀子孙，其直子于1980年获巴塞罗那国际赛13 636羽总冠军，被称之为“伟大种母”。这一羽墨雨点，一双枯鸡黄眼睛，人见人爱。此鸽眼的第一印象就是远程、超远程赛鸽的育种眼；深绿色前荡角阿尔砂，四周“刻线”清晰，内线口发达；琥珀色的底砂显得既精彩又耐看，底砂还呈细颗粒状；面砂呈枯焦色，匀称而又叠加似地撒满四周，黑色智慧砂点点滴滴满视野，交织在面砂甚至渗透到底砂之中；外封砂粗黑有力，环绕于眼球的四周。从整个砂型结构而言，从面砂到底砂、阿尔砂、内线口，直至深黑色精明的瞳孔，呈盆状，瞳孔似一口深不可测的井，显示出这羽黄金种母的飞翔和育种能力。但此鸽系为晚熟品系，当年不出成绩。

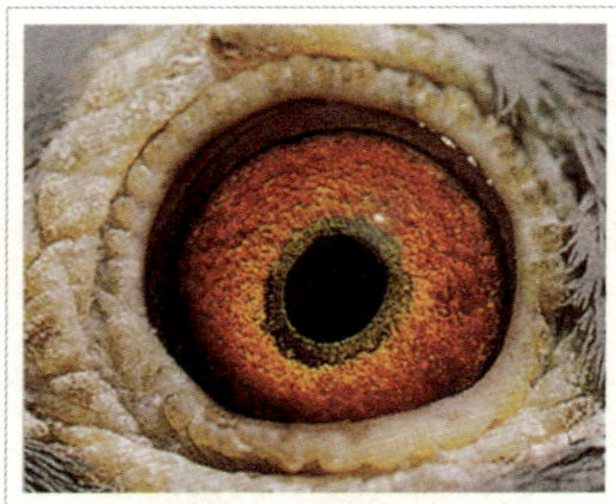

NL98—5821416 ♂
荷兰考夫曼作出

小 迪 克

(13) 小迪克

审视此鸽的眼睛，就会感到是羽种赛鸽的印象。它曾获1998年凡赛尔世界幼鸽鸽王赛第5名，1999年荷兰鸽王赛第1名。整个眼睛的结构表现为“平展”形，瞳孔仿佛向上凸起，呈椭圆形，色泽深黑，显得机敏有力；内线口也十分明显；阿尔砂灰绿色，显得宽阔厚实；在环绕瞳孔的阿尔砂中，速度线明晰，距离线也有数条相伴；底砂金黄，略有显示；面砂橘红（偏深）、细腻，堆积在颗粒中凝成突出的山脊；外封砂较细但色泽偏深，环绕眼球一周。总之，此鸽眼睛显示了它的速度和稳定性，在大羽数比赛中能高位入赏。

NL98—2238017 ♂

荷兰马歇尔·山格斯作出

鹰 眼 号

(14) 鹰眼号

此鸽是在取得2000年当日长距离鸽王赛冠军后成名的。其眼砂为细砂型,似薄薄的一层细绒,底板为纯金般的黄色,显示出此鸽能飞长距离,宽厚带刺的内线口表明了其家族赛绩史的优越性,尤其在4~8点的内线口"刺头"表现为较优秀的定向能力与育种能力,况且鸽眼的外封砂较清晰,在鸽眼瞳孔前下方有隐隐约约的金色与黑色前荡角。由此可见,这种类型的鸽眼结构能在成年后,尤其在2岁龄后,在600千米左右的比赛中有出类拔萃的表现。

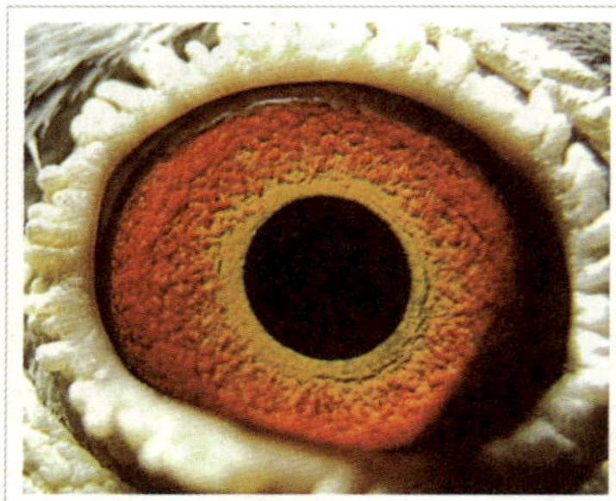

B97—4221027 ♂
比利时马丁·栋特作出

阿 波 罗

(15) *阿波罗*

该鸽是羽大名鸽，1997年比利时波治(450千米，60 146羽)国家赛全国冠军。此鸽眼睛的最大特征是"金戒指"，即黄色阔带形全圈阿尔砂，是一羽超级种赛鸽的标志。内线口也十分宽厚，环绕着整个瞳孔，并有细小的"刺头"向四周突破。

从整个眼睛的结构来看，整个砂面呈橘红色，形成较浅的梯度，而金黄色的底砂略有外露，能穿透面砂而呈现点点放射状金线，这是高级种赛鸽的基本特征。

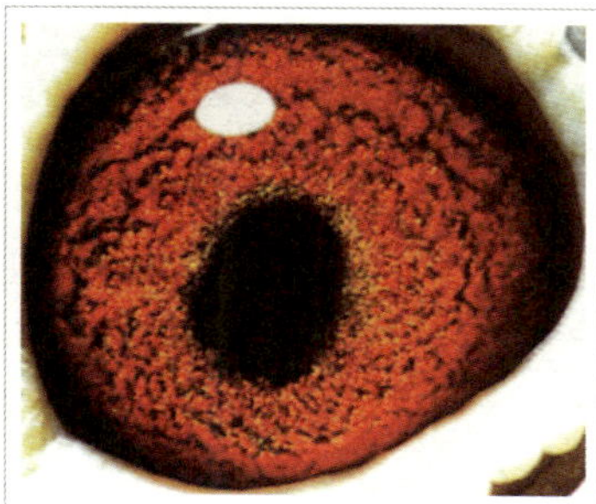

B99—3020065 ♂

比利时芮娜作出

飞 戈

(16) 飞戈

2001年比利时波治国家赛12 266羽全国冠军，当年KBDB中距离鸽王全国季军。此鸽眼的砂粒属中粗类型，平展的砂粒由高向低朝瞳孔四周延伸，并呈浅盆状。此鸽瞳孔椭圆形，又黑又亮，神采奕奕；内线口发达而又有力，向外不断有“剜头”伸出；阿尔砂黑色，呈卧眼志状，但又显得不宽阔；底砂微露，有金黄色的感觉；整个砂面干老、清晰、松弛、堆积，细小的黑色砂粒镶嵌在面砂与底砂之间；外封砂呈褐色，环绕眼球一周。整个鸽眼显得生机勃勃，光彩感很强。

CHN2003—673575 ♂

苍白大帝

(17) 苍白大帝

该鸽的眼睛值得揣摩和总结。这是一羽300～500千米的超级战将，曾获2003年550千米第4名，300千米第6名；2004年"奥林匹克杯"联赛550千米冠军；2004年国家赛(35 451羽)500千米亚军。其椭圆形墨黑的瞳孔使人过目难忘，内线口宽厚，还呈现前荡角状(这种形状的内线口极为少见)，金黄色充满厚度和活力的底砂以"放射状"嵌入面砂，偏紫红色的细颗粒面砂堆积成不断重叠的云片状；外封砂纤细而又灰淡，表明其在短距离或正常天候的超速飞行特质；宽松的眼眶给整个眼球带来一定的转动余地。此鸽眼睛除了面砂有一些红辣椒色外，尚属朴素型眼睛的飞将军，值得鸽眼研究者关注与重视。

DV01777—95—603 ♂

德国亨瑞·格肯作出

太阳女伯爵

(18) 太阳女伯爵

这羽鸽子曾获得1997年德国7月鸽后冠军。它的眼睛具有典型黄眼的结构:椭圆形深黑色瞳孔,显得反应机敏;内线口明显,较宽而有力;阿尔砂为细形黄色全圈,并有细细的、不规则刻线环绕黄色阿尔砂;底砂金黄色,具有大滩底形状;面砂干老、清晰、细腻,散布和堆积在眼球四周;深色的外封砂围绕瞳孔最边缘一周,而眼眶的空间使整个眼球转动自如。由此可见,这是一羽既有速度,又能飞翔较长空距,还显示一定抗逆性(在恶劣天气中也能适应)的种赛鸽。

DV03789—05—1493 ♂ 鸳鸯眼

德国路易斯·物特斯作出

黄金男孩

（19）*黄金男孩*

2006年南非百万美元大奖赛（2 242羽）季军，德国、南非国家赛冠军。生就一双“鸳鸯眼”，较为鲜见，一边是牛眼，另一边却是桃花眼。从牛眼中可观察到的是浓烈与神秘，但从砂眼中能够看到其庐山真面目，即瞳孔呈椭圆形并向嘴角下移；砂粒细而偏中粗，堆积成云片状；底砂厚实、干老，色素却显示白色；阿尔砂呈蓝色，前荡角呈黑色、锯齿状；内线口发达，围绕瞳孔一周呈外刺形状；外封砂黑色而粗壮有力，显示出此鸽的耐力和抗逆性。从此鸽的眼睛可见它是一羽既有速度又有耐力的赛鸽，同时还兼具优秀的育种能力。

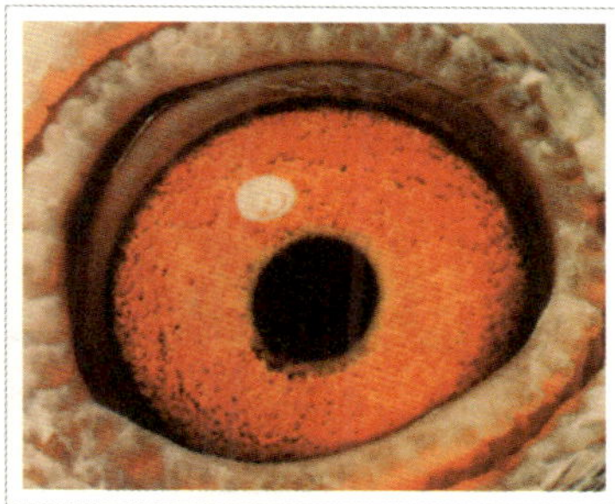

C98—462678 ♂

中国台湾廖光明作出

末代皇帝

(20) 末代皇帝

由于此鸽眼睛是幼鸽期拍摄的，因而显得清澈、稚嫩。其实，此鸽眼睛尚属"朴素实战"型一类，虽然比赛空距不远，但毕竟能在多山和气候多变的环境中六关赛比拼胜出，所以对此鸽眼的剖析，具有现实意义。金黄色的底砂，橘红色的面砂，较细的金色全圈阿尔砂，内线口隐约可见。此鸽眼睛的可贵之处在于：在阿尔砂右下方有黑色前荡角，此特征表示飞翔速度极快；外封砂为细而深色的一圈，说明该鸽能抗击恶劣气候的干扰；宽大有余的眼眶使整个眼球活动自如，使得该鸽在极速飞翔中对方向乃至鸽巢附近的标志性建筑物有良好的辨识能力。此鸽曾获得1998年春赛2 600羽，残存28羽，六关综合冠军(六关全部进入10名以内)。因为它是吉林支会最后一届比赛的冠军，故名。

B94—3282597 ♂

比利时乔治·波里作出

将 军 号

(21) 将军号

该鸽是1996年卡奥尔774千米9 043羽全国总冠军。鸽眼具有红色鸡黄的特征，红色偏紫的面砂丰富而堆积，分布在整个除瞳孔和阿尔砂以外的空间，几乎使金黄色的底砂处在毫无显露的地步，但金黄色底砂还是顽强地穿透重叠的面砂，有数粒金点放射出耀眼的光彩。金黄色阿尔砂十分发达，又宽又厚，环绕瞳孔四周，并在3～8点有一条曲折的精细距离线相伴随。该鸽眼中的内线口十分发达，显得又宽又厚，在3～7点有黑色"刺头"显示，更难能可贵的是在瞳孔（嘴喙朝右）4～6点中带有黑色的速度线荡角，更显示出此鸽飞翔700千米的实力。

SCF79—482 ♂

澳大利亚艾力斯作出

老 红

(22) 老红

此眼是典型的长距离赛鸽的标志，获得过6次冠军，入赏38次。直女获1 000千米比赛第一名，兄弟鸽于1985年获国家赛亚军。瞳孔黑色，内线口宽厚。金色全圈阿尔砂大有文章：一是环绕四周的3条曲折有力的黑色“刻线”，标志着此鸽有飞翔长距离的能力；二是在3～5点瞳孔前荡角处有明显的黑色速度线。这些标志犹如在研究超长距离鸽眼时的“眼脐”，由此也能表明此鸽的飞翔空距与飞翔速度。此眼的面砂呈橘红色，在排列、堆积和凝聚中形成层层“云片状”砂型，几乎盖满整个眼球，金黄色的底砂和黑色的智慧砂冲出堆积颇厚的面砂，显露出金点和黑点粒粒，表明此鸽眼睛的智慧特质。可惜，此眼由于摄影问题，还是显得有些混沌，甚为遗憾。

CHN2007—09—380227 ♂

中国正大谢国民作出

不 一 般

(23) 不一般

此鸽获得2008年郑州赛区国家赛全国总冠军。眼睛若天空繁星，闪烁不停；又似神秘深渊，奥妙无穷。有经验的鸽友一瞥就能感知这是一羽800～1 000千米级别的优秀赛鸽，其强项在远程比赛。眼睛若紫葡萄色；黑色敏锐的瞳孔，发达丰满的全圈复合型阿尔砂，锯齿形并呈现前荡角；发达的内线口人见人爱。底砂瓷白色，若隐若现；面砂紫色，在堆积中仍然形成点粒团状，若星星点点不断闪动；外封砂黑色、宽形、明显，从而呈现出如宝石般瑰丽的鸽眼价值。

NL93–1502451 ♂

荷兰布劳尔作出

红 袍 战 神

(24) 红袍战神

它是1997年奥林匹克长距离鸽王赛冠军及当年荷兰长距离鸽王赛全国冠军。清晰而又朴素的红色，细腻而又密集的面砂，组成了这羽鸽子眼睛的橘红色彩的基调；金黄色环形的阿尔砂，椭圆形深黑色的瞳孔，充满着智慧和定向能力。如果再仔细观察和反复揣摩这羽鸽子的眼睛，那么对于橘红色面砂的饱和度和清晰度，包括细洁和干老的程度，产生十分强烈的印象。对于金色阿尔砂的3～6点的细细"刻线"，又能显示出此鸽在成熟后能飞翔600～800千米的快速特性。当然，这种朴素而又细腻的鸽眼结构，是我们在鉴眼察鸽时不可忽视的鸽眼品质。

B92—3000607 ♂

比利时倚天·迪奥斯作出

小 迪 迪

（25） 小迪迪

该鸽为1997年KBDB长距离鸽王全国冠军。金黄色强圈，似金戒指的色泽光彩夺目；橘红偏紫的面砂层层叠加，形成十分粗壮有力的面砂；底砂呈金黄色，稍微露出；外封砂极其粗、宽，非常有力地环绕于眼球周围。由于鸽龄的增加，面砂堆积并开裂成“块状”，显得非常苍老有力。此鸽鸽眼的可贵之处在于瞳孔朝前下方有前荡角的印痕（短距离速度鸽鸽眼的标志），从而组合成既快又稳的长距离优胜鸽的基础。据说，此鸽由德国西格穆勒从比利时倚天·迪奥斯处以10万美元购得，而倚天·迪奥斯为了争得长距离鸽王头衔，又进行一次新的长距离放飞比赛，再次夺回冠军，从而缔造了举世闻名的“小迪迪”。

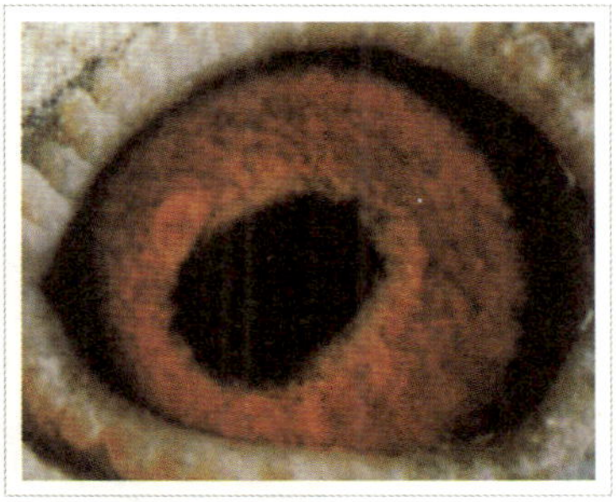

CH96—09—079151 ♂

上海陈瑞麟作出

创 世 巨 匠

(26) 创世巨匠

该鸽于1997年上海放飞三门峡(1 040千米)当天归巢,获15 780羽总冠军。从这羽赛鸽金黄而又偏紫的眼睛而言,体现出我国远程赛鸽的典型特征。椭圆形瞳孔,黑色,显得敏捷;内线口发达,似照相机快门那样驱动着瞳孔收缩;全圈并呈前荡角的阿尔砂色彩又黑又深;金黄色底砂显得光彩照人、神韵炯炯;面砂又紫又厚,逐渐堆积,四周出现似山沟的黑影;外封砂黑、宽并环绕眼球一周。总之,此鸽眼使人印象深刻,过目不忘,还能产生诸多联想。当时,从三门峡放飞至上海,有10羽精英当日归巢,此鸽创造了上海乃至全国1 000千米当日归的分速纪录,引起了中国鸽坛的震动。

CHN05—054994 ♀

上海刘金华作出

黑桃皇后

(27) 黑桃皇后

上海是放飞超远程的起源地，此鸽在3年内4次超远程归巢，包括最远哈密—上海(2 790千米)，全市第13名，期间还飞过2次1 000千米，共延飞11 000千米，刷新了南京鸽友汤兴光创造的吉尼斯纪录。因此，研究它的眼睛具有典型个案的意义。此鸽橘红色的面砂中粗，但堆积得又密又厚，延伸至阿尔砂边缘，几乎覆盖底砂，但黄色阿尔砂清晰可见，又宽又黄(金黄色)，距离线和阿尔砂前荡角明显而实在。瞳孔呈椭圆形，反应敏捷，又黑又亮，说明这是一羽极其聪明的鸽子。黑色外封砂虽细但色深，也能反映出此鸽的智慧与顽强性。"英雄难免阵上亡"，此鸽在第5次超远程比赛中至今未归。

三、鉴别鸽眼的传统方法

古人养鸽也很重视鸽眼，因当时主要饲养的是观赏鸽、飞翔鸽、筋斗鸽等，因此他们对鸽眼的鉴别与今天的赛鸽是有所区别的，但总的趋向是逐步细化。古人只注意鸽眼的色彩，而时下还分析瞳孔、眼志、眼皮、外封砂和栉膜等，极大地丰富了研究鸽眼的内容。

1. 眼砂是鉴鸽的永恒主题

眼砂即虹彩，有底砂和面砂之分。面砂都是红色的，但有浅、中、深之分。底砂决定眼砂的名称，底砂为白色的称“桃花砂”（简称“砂”），底砂为黄色的称“鸡黄砂”（简称“黄”），还有一种底砂为黑色或暗红色，称“牛眼”。另外，有一种“隔楞眼”（也称“鸳鸯眼”）等。这些名称没有什么科学根据，只是养鸽者根据眼砂的形与色叫出来的，约定俗成。

对面砂的要求，主要是富有立体感，好像是在眼球上植了绒似的光彩夺目，说明鸽子非常健康，充满活力，使人爱不释手，过目不忘。“你是一幅丹青，山菊蔷薇，天红地白，令画师惊叹不已。”有些鸽眼好像在眼球上涂上一层水彩，平淡无味，清水光汤，这是养鸽者不喜欢的，即便也能夺冠军，但因它的观赏性差，缺乏魅力。须知，养鸽子除了比赛得奖金外，还有观赏价值。上海有位养鸽青年，乘飞机从国外回来，一到家就“钻进鸽棚成一统，哪管春夏与秋冬”，待了半天才出来，能如此吸引着他的东西，主要是鸽子那一双楚楚动人的眼睛。

任何一种眼砂色彩，均不会影响鸽子的视力，至于它们的功能和特长，一些经验老到的鸽友讲得头头是道。有人认为：“桃花砂能飞阴天，鸡黄砂善翔晴天，牛眼勤上天。”这“勤上天”，就是指不论在风和日丽的好天气还是在恶劣气候条件下都能适应。2000年春季，上海比赛遇到“恶劣气候”，牛眼鸽子飞出许多好成绩。上海一些老前辈曾做过一些统计，把晴天比赛归巢鸽计算一看，其中鸡

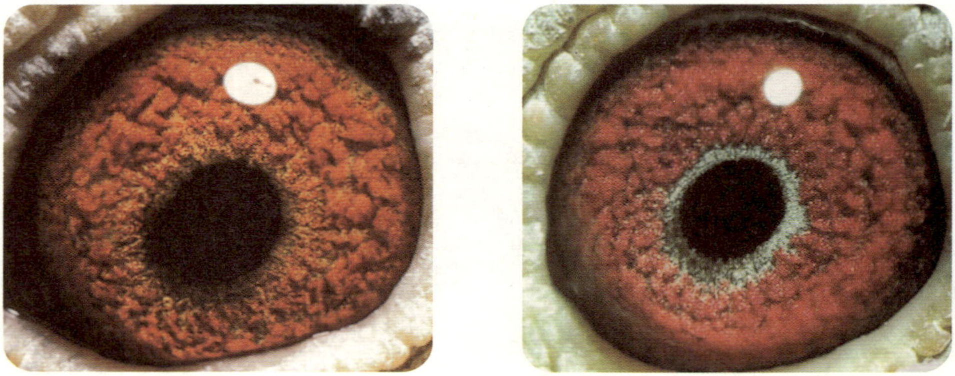

鸡黄眼

面砂要求有立体感，上图均为鸡黄眼，左图的面砂立体感强，右图的砂粒则较平坦。

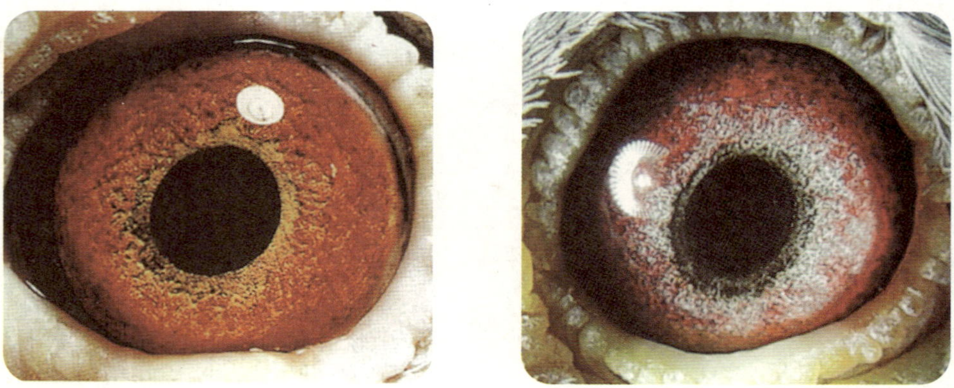

桃花眼

上图均为桃花眼，左图似植绒，右图似涂色，面砂立体感不同。

黄砂有多少，桃花砂有多少，统计出来的数据并不能说明孰优孰劣，因为没有统计参赛鸽中的鸡黄和桃花各有多少，所以归巢的数字不具有可比性。

眼砂有粗砂、细砂、中粗砂等多种。有人认为"细砂留种，粗砂参赛"。他们看到1 000千米比赛的冠军鸽是粗砂，就认为是"粗砂参赛"，下次1 000千米比赛鸽如果是细砂，就把前面的结论推翻了。其实这里有随机性。

在上海地区的老种鸽中，有一种叫"流砂"，它的眼砂不是固定在一个地方，而是流动着的。这种鸽子只听老前辈们说过，但从未见过，也许已经绝灭了。尽管眼砂有赤、橙、黄、绿、青、蓝、紫，千变万化，但都与视力无关。张万钟说的"皂者宜银，白者宜火，芦花宜金，狗眼宜豆……"只是观赏观的羽色相映，增强观赏性，是从审美视角而言。对于赛鸽，他只讲了一句"飞放论神，目光如电者，其神旺。"意思是，对于赛鸽，讲究鸽眼明亮，目光炯炯有神，说明它聪明机智，身体健壮，精力充沛。

2. 瞳孔要求黑而圆

欧洲人的瞳孔是蓝色的，亚洲人的瞳孔是黑色的，他们的视力是一样的，智商也是一样的。鸽子无论是欧洲的还是亚洲的，瞳孔绝大部分是黑色的，虽也有蓝色的（鸽界称灰色）、红色的，但只是凤毛麟角，极为罕见。养鸽者都喜爱浓浓的黑色瞳孔，但如果有一只蓝得像海洋、红得像珊瑚那样的瞳孔，主人也会视为珍宝。

在鉴鸽时鸽眼瞳孔的色彩并没有引起大家注意，鸽友们所关注的是瞳孔的形状。瞳孔的形状可分两类，一类是静态的，另一类是动态的。静态的看瞳孔的圆整性，可以说多数鸽子的瞳孔是圆整的，椭圆的也不少，还有一些瞳孔长得歪七斜八。但后二者鸽子也都是得过奖的，与那些瞳孔圆整的鸽子在比赛中难分伯仲。

动态看瞳孔是很重要的一个项目，往往是决定一羽鸽子是优是劣的标准之一。鸽友们都知道，在阳光照射下，瞳孔收缩得很细，细得像针孔那样，这是一羽难得的好鸽子。这有点像相机镜头聚焦，聚得越小，看得越清。瞳孔扩张与收缩的频率越快越好，当你按住鸽头看瞳孔收扩时，手指上感觉得出瞳孔在跳动、在抖，说明这是一羽难得的聪明的好鸽子。因为，它对外界的变化反应极快。

赛鸽摄影师丁自诵有一次拍摄鸽眼时，光圈、距离、速度明明都调正无误，但出来的照片却不清楚，经他再三探索，发现有一种鸽眼在拍摄时瞳孔会前后伸缩，频率很快，这类鸽子都是冠军、亚军，甚至是多次得奖的超级鸽，可惜在鉴赏鸽眼时是得不到这种感觉的。

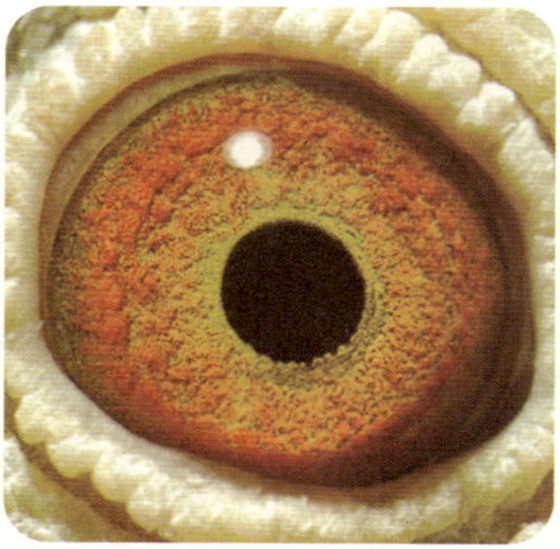

圆整的瞳孔

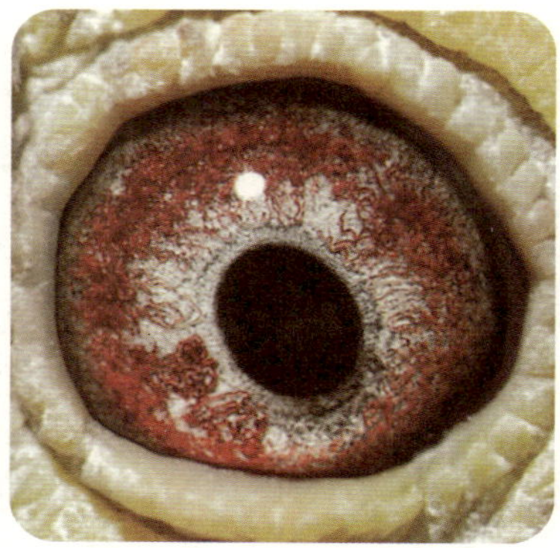

椭圆形的瞳孔

有缺陷的瞳孔

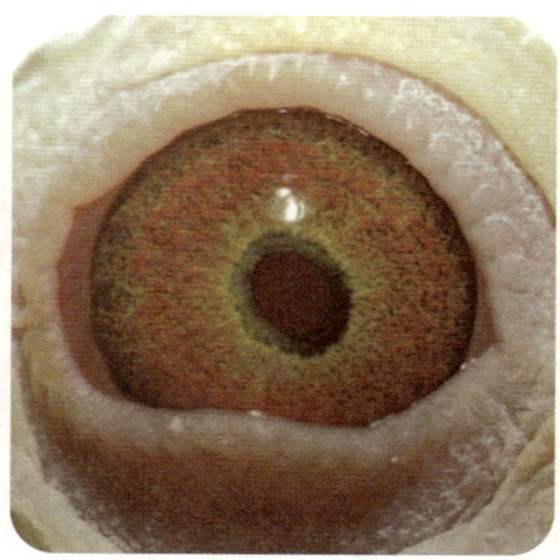

红 色 瞳 孔

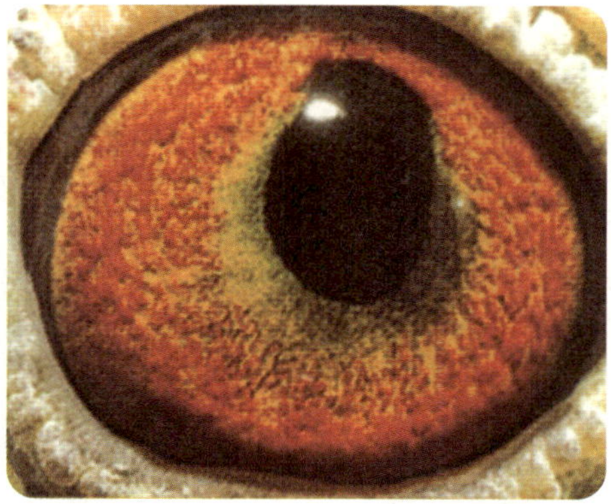

异形瞳孔

在近亲交配中，有时会出现异形瞳孔的鸽眼。照常理说，异形瞳孔会影响视力乃至定向功能，但此鸽眼凭借优秀的血系，即大名鸽“闪电金童”的近亲后裔，照样育出数羽500千米比赛冠、亚军及前10名。可见，研究与运用鸽眼妁结果，能使鸽主产生不少惊喜。

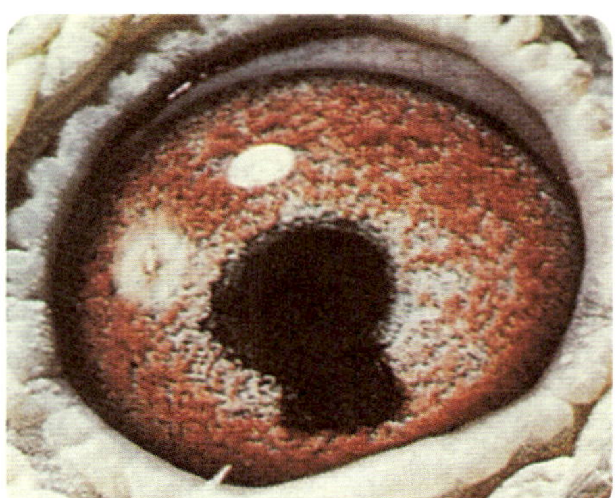

黑记眼

这是非常罕见的鸽眼，称之为黑记眼。由瞳孔衍生出一块黑记，既不是瞳孔，又不是阿尔砂。如果抛开黑记不看，此鸽眼的特征是蓝底细砂，底砂干厚，呈滩底状。另外，此鸽眼眼眶较大，使整个眼球转动自如；外封砂深黑、发达，环绕眼球边缘一周；阿尔砂有力，细圈、前荡角。此鸽能胜任短、中程比赛，且适应全天候竞翔。

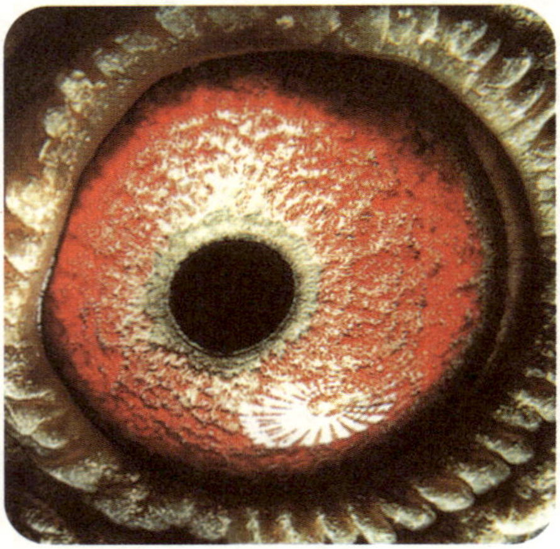

收缩小

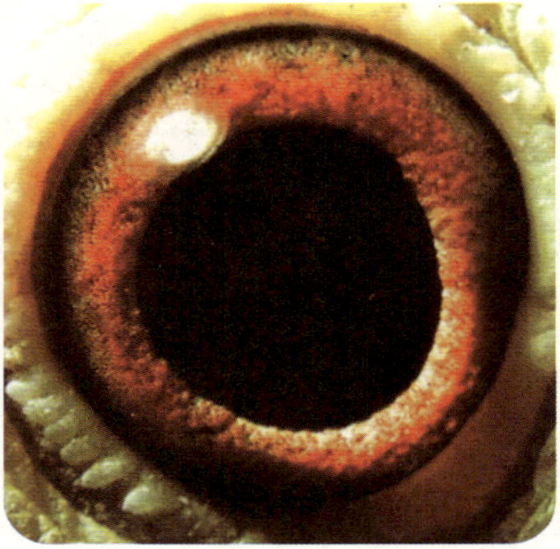

扩放大

瞳孔要求在阳光的直射下收缩得很小，收扩的频率很快。上面两图是在同等的灯光下拍摄的，左图瞳孔收缩得很小，右图瞳孔扩放得很大，但这不是说右图瞳孔不如左图。

3. 外封砂是鉴鸽标准之一

论述外封砂的文章不多，在鉴鸽时也未引起注意。所以，鸽友们对外封砂有些陌生。外封砂即环绕眼球的一条黑线，像一道铁箍那样箍住眼球。要求全圈，黑而细，镶在白色的眼球顶端，非常美观。

外封砂也有半圈的、三分之一圈的和四分之一圈的。其实外封砂都是完整的一圈，只不过有不少鸽子的眼皮包扎较紧，把下半只眼球包住了，所以看不到外封砂，只要用手指轻轻往下捺一下，这条黑线就出来了。外封砂有粗有细，要求细若游丝，受到鸽友们的青睐。外封砂的功能除了观赏性以外，对飞翔和视力起什么作用，目前尚不清楚。

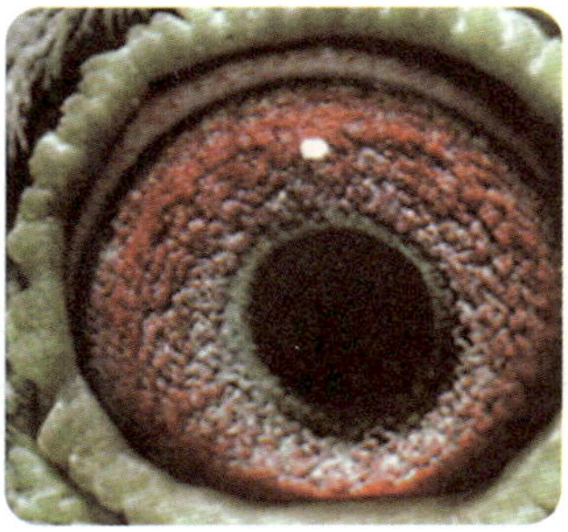

标准的外封砂为浓浓的、粗粗的黑线

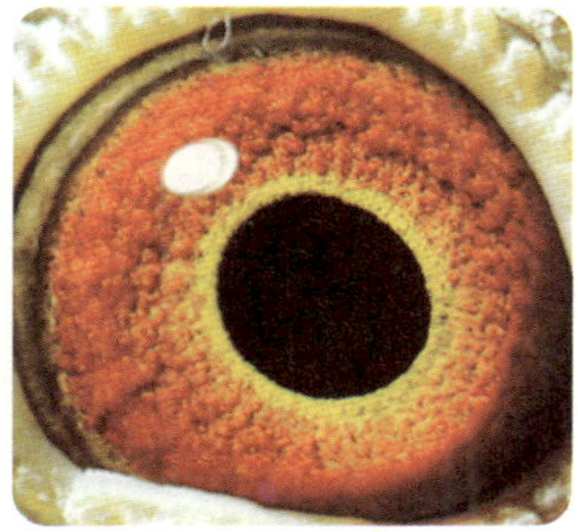

外封砂褐色

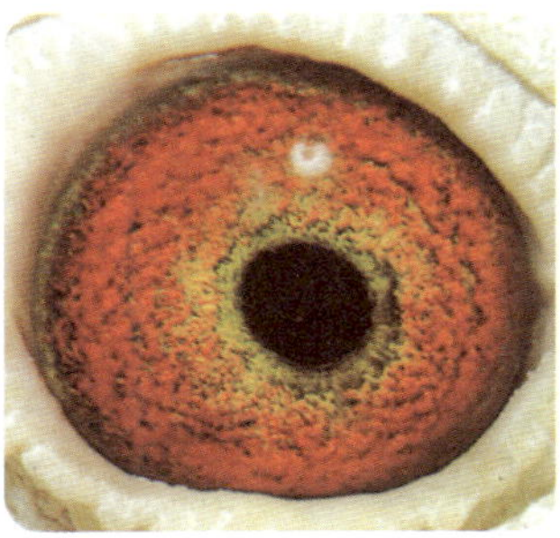

外封砂半圈，不黑

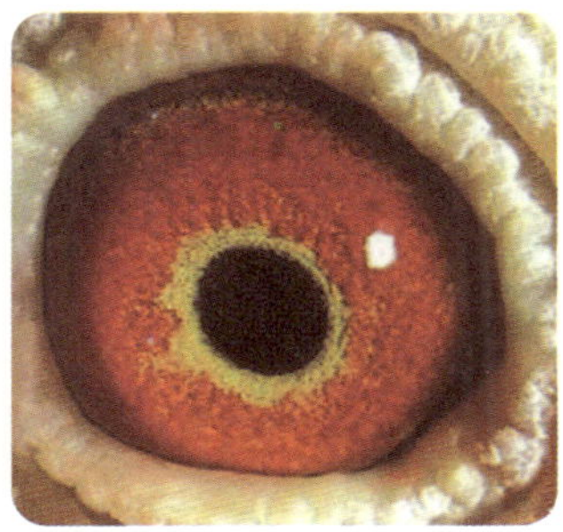

看不到外封砂

4. 眼皮有多种色彩和形状

眼皮，也称"眼睑"。眼皮有不同形状和色彩，且眼皮随着鸽子年龄的增长不断发生变化。青年鸽都是单眼皮，薄薄的一层眼皮包在眼球周围，甚是好看。人类推崇双眼皮，单眼皮的姑娘通过手术变成双眼皮。鸽子的眼皮有单层的、双层的、三层的和多层的。我国台湾有位专门对眼皮做过研究的鸽友，认为多层眼皮是好鸽子。上海专养李祖光沙爱昂鸽系的杨登元认为，眼皮适度增厚是鸽子成熟的反映。因为他养晚熟品种，眼皮增厚一般都在3岁以上。他看在眼里，喜在心里，有时还情不自禁地哼着小调:"眼镜戴起来。""吴淞鸟"主要创始人汪顺兴认为:"鸽子眼皮增厚是到了更年期。"不知道读者持何种见解。

眼皮的色彩大致有4种:白眼皮、黑眼皮、黄眼皮和红眼皮。就人们的喜好而言,喜欢细细的一层黑眼皮。这完全是用审美的视角反映了个人的喜爱,据研究过眼皮的鸽友说,眼皮影响赛鸽的成绩,他认为眼皮多层的白眼皮鸽是全天候、四季性赛鸽,无论阴雨烈日,春夏秋冬,都会有好的发挥,而且中短程赛、长程赛和多关赛无一不能。眼皮多层的黄眼皮鸽是速度鸽,也就是快速鸽,但稳定性较差,经不起阴雨等恶劣天气,有点像当今的詹森鸽系。眼皮多层的黑眼皮鸽是爆发力强的鸽子,出赛中短程是最不适宜的。眼皮多层的红眼皮鸽子,适应阴天或小雨等恶劣气候下出赛,会有好的表现。

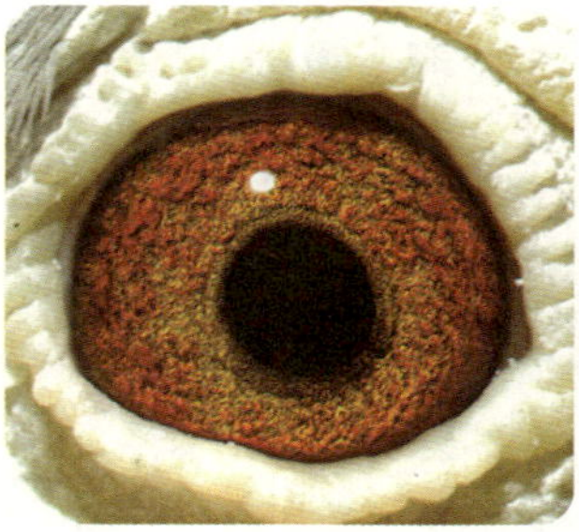

白 眼 皮

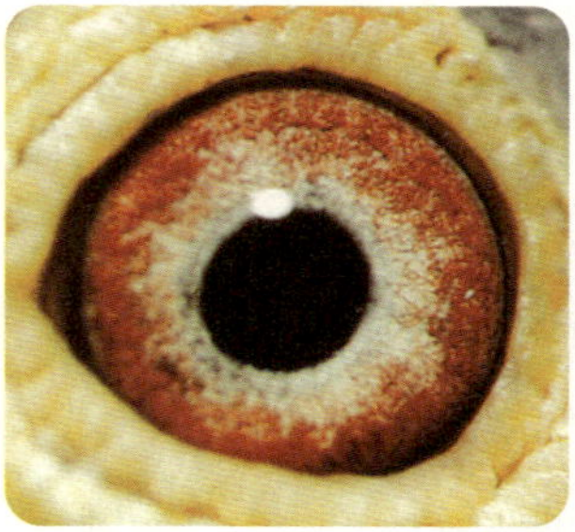

黄 眼 皮

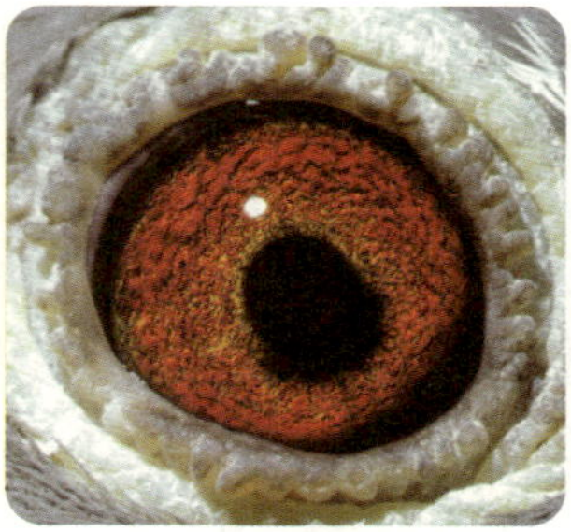

多层黄眼皮

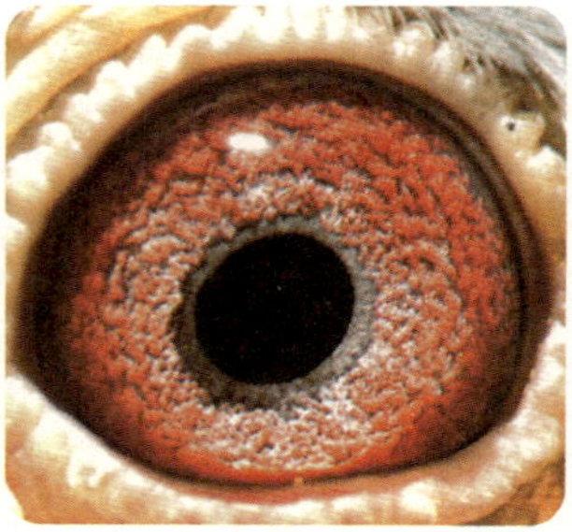

红 眼 皮

四、“干、老、油、亮”四字诀

如果说中国的鸽眼研究较有启蒙性的成就，那就是在20世纪初，上海的几位养鸽前辈，李梅龄、汪顺兴、丁培新、张亮舒和杨登元等，在实践中积累起来的宝贵经验，他们概括为“干、老、油、亮”四个字。有人在这个基础上又加了一个“气”字，其实“气”与“油”是可以连在一起的，“油”字也有“气”的含义。

1. “干”

鉴别一羽好的种鸽或赛鸽，特别是远程和超远程赛鸽，眼睛是否干燥是很重要的。如果这羽鸽子的双眼湿汪汪的，甚至含着一腔泪水，送出去参赛是有去无回的，留着做种也育不出好的后代。而当时参赛的鸽友送鸽上笼时，从不对鸽眼提出要求，“搁到笼里就是菜”，“四字诀”的提出是中国赛鸽史上的一大进步，不仅避免了许多损失，而且能发现优良鸽种，为日后形成以远程和超远程为特长的“上海鸽系”创造了条件。鸽友们在送鸽上笼时，并没有逐羽检验鸽眼是干还是湿，只是当赛鸽归巢时发现鸽眼都是干燥的，没有一羽眼睛湿汪汪的鸽子。经过无数次的实践，经过许多人的实践，逐步形成这种共识。

2. “老”

要求鸽眼老结，而不要稚嫩。远程赛当天回不了巢，被称为“过夜鸽”，超远程赛鸽更是要在异乡客地过上几天几夜，遇上风风雨雨是常有的事，鸽眼稚嫩或水汪汪的经不起风吹雨打。睁开眼睛飞行，看不清归路在何方；闭着眼睛飞行，眼前一团漆黑，寸步难行，赛鸽在归途中不丢失才怪呢。只有那些眼睛老结的鸽子，任凭风吹雨打，胜似闲庭信步。当然风吹太长、雨打太久也是不行的，且不说眼睛，就身上的羽毛湿透了，自身重量也会压得它透不过气来。不论怎么说，在赛鸽中眼睛老结的总要比稚嫩的强上几倍，因此，老前辈们把这“老”字列在"四字诀"的第二位。

3. "油"

也可以说"油气"。这种鸽子善飞恶劣天气，在阴霾、酷热等天气会有好的表现。看鸽眼的"油气"，是稍有点难度的，不是每个鸽友一看就懂，一学就会的。因为，不是全凭视觉就可以看得一清二楚的，而有些只凭一种感觉。有人说，从面砂到底砂整个眼睛有一种雾气的感觉，或者说有一种植绒的感觉；也有人说，在鸽眼眼球上似笼罩上一层薄薄的油彩；还有人说得更玄，说有一股逼人的灵气。虽说法不一，但大同小异，都有道理。鸽眼理论是从实践中总结出来的，实践在不断发展，经验也跟着发展，因而强求一致，可能会导致思想上的束缚，不利于发展。

4. "亮"

亮是比较容易把握的，就是赛鸽要有一对明亮的眼睛，光芒四射，炯炯有神，英气袭人。在有关鸽眼的文章中这类形容词可以罗列许多。"明亮"是相对于双目不明不亮而言的。鸽眼明亮从中可以知道这羽鸽子的智商高低和健康状况。智商与健康这是鉴鸽的两条最重要标准。我们经常看到弱智小孩或智障儿童，他们有一个共同特点，目光呆滞、木讷。智商高或低，眼睛是一个窗口。从某种意义上讲，赛鸽首先是赛智，其次才是赛飞。赛鸽智商不高，飞错了方向，那么飞得越快离家越远。裁判员鸣枪开笼，赛鸽不是向同一个方向飞翔，有的向东、有的向西，四面八方的选手鸽混在一起，智商高低立判，如果跟错方向，"猛回头，离天三尺三"，飞得再快也是白搭。鸽眼无神，不明亮，也是亚健康的一种反映，甚至已经是病魔缠身。鸽谚说"好鸽不生病，生病无好鸽"。没错。一羽病鸽出赛是拿不到冠军的。其实任何一种体育比赛，冠军只给那些身强力壮的健儿。

"干、老、油、亮"四字诀，对远程和超远程是行之有效的。这种观察一般都不用放大镜，全凭肉眼观察，所看到的就是"干、老、油、亮"和虹彩色素、瞳孔等几项内容。一位资深欧洲养鸽家说："我不会去养眼睛颜色平淡无味或黯然无色的鸽子。为了作育也是为了竞翔，我更喜欢眼色老结、丰富，并且有'细节'，色素充分，纹路较多的眼睛。"他还说："许多老行家总试图寻找熠熠发光的眼睛和眼睛

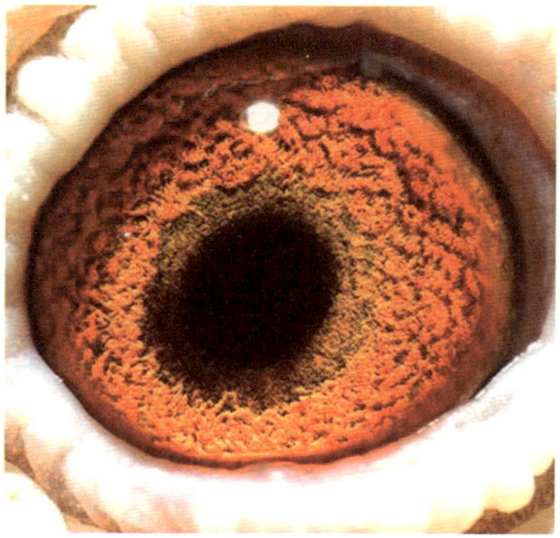

典型的“干、老、油、亮”鸽眼

中一些眼志蔓延出来的线。因为有这些线的大多数赛鸽都属一流，但是这种线往往在鸽子1岁以后才会出现。”这就是说鸽眼的“干、老、油、亮”，只不过翻译用词不同而已。

“这种线往往在鸽子1岁以后才会出现”，说出了鸽眼是个变数。从出壳开始，一双眼睛犹似两颗黑蓝梅在这个小脑壳上，整整占了将近一半面积，给人们一种神秘的感觉。当它睁开眼睛以后，是像欧洲人那样的一对“蓝眼睛”，到了1岁龄时，才分得出是鸡黄、桃花还是牛眼，3岁以后“干、老、油、亮”逐个出现。到更年期时，长了眼睑，目光日益退化，鸽眼的这种变化，一是年龄增长因素，但是要变得好看，变化符合“干、老、泊、亮”的四字诀要求，飞翔经历的增加，往往是更重要的因素。一羽超远程归巢鸽，它的延飞航程（前关1 000千米、500千米，加上多次100～200千米的训练）达到5 000千米左右。经过多次漂湖过江、翻山越岭，经过这样风刀雨剑、烈日浓霜，磨炼出来一双火眼金睛。

有些人一直以为鸽眼理论没有科学根据，但当他看一羽鸽子时，总是要看一下眼睛，而且看得很仔细，问他看到什么奥秘，说来听听，他说只是喜欢那些拥有十足魅力的眼睛，眼睛仅仅是6项评判标准之一，仅此而已。这说出了一个真理，他喜欢那些拥有十足魅力的眼睛，仅仅是鉴鸽6项标准之一，其他5项应该是体形、骨骼、肌肉、羽质和血统。读者们也应该有这样的心态。再说，鸽眼的研究是随着观察仪器的发展和使用逐步加强，20世纪初虽然放大镜早已发明，但我国的鸽眼探索没有想到要用放大镜，观察鸽眼只用肉眼，直接观察客观物体，所以说"干、老、油、亮"四字诀是我国养鸽前辈探索鸽眼的开始，从这里起步走向前方，不断开启一扇扇的经验大门，走向科学殿堂。严复说得好："尽信书，不如无书"。也就是只有否定片面的观点，才能学到全面的知识。

五、从眼志到品性圈

世界级鸽眼研究学者修士肯、亨利·雷、比沙波、乔兰、彼德·亨利、戈林·奥斯曼、路根、弗莱明等对鸽眼结构、关系、功能的探究颇有造诣，其中，特别提到的是眼志，也称"相互关系圈"和"阿尔砂"。

关于鸽眼眼志的研究，起始于1895年，比利时的弗尔敦写了一本关于鸽子的专著，其中提到："在其他方面不错的情况下，在彩虹周围如发现一团黑色，该鸽会名闻四方。"这就是提及眼志的原始版本。其后，在1911年，比利时著名的眼志理论家菲利克斯·吉戈特写了一本《金圈》的鸽眼专著，也提及眼志的重要性。比利时的眼志理论先驱者凡·林登还重点阐述了立眼志与卧眼志的运用和交配办法，最早用眼志来挑选鸽子。直至1946年，英国鸽眼研究家比沙波出版了《眼志》一书，提出"眼志"这个专用名词及其概念，成为研究眼志的标志性著作。而后在20世纪50年代传至中国鸽界，引起了诸多鸽眼研究者的广泛兴趣，促进中国研究鸽眼的新一轮高潮。可见，鸽眼眼志的提出与研究始于比利时，而后被英国推向极致。

眼志的关键性意义在于：①眼志是客观存在的，它有各种划分的类型；②眼志生长在括约肌上，起着收缩瞳孔的作用；③眼志标记在于品系的遗传或是显示长距离竞翔的基础性表征。

我国鸽界对眼志的研究是由浅入深，由低到高，最后从眼志研究发展到建立品性圈理论，出现了一个质的飞跃。20世纪50～60年代，在我国的图书馆里还找不到一本原版的外文鸽眼著作，翻译成中文的只有台湾地区有几本，香港地区也没有。改革开放后，两岸鸽友逐渐开展交流活动，台湾鸽友带来几本繁体字中文本，此时上海等几个大城市海外图书发行公司才经销这类图书。在此以前，我国鸽界前辈对眼志的研究从没有停步，犹似"瞎子摸象"式发现了眼志有全有缺、有阔有狭、有黄有蓝、有平的

比利时詹森和夏拉肯在观察鸽眼

也有锯齿形的，等等。在归类的基础上研究它的遗传功能与最佳的配对方式，他们是在这样的基础上来接触和接受比利时、英国的鸽眼理论的，其实此时的鸽眼理论在西方已经冷落，真是西方不亮东方亮。在西方遭冷落的鸽眼理论，却在东方热火朝天，并且不断发现新的事物，不断创造出新的鸽眼理论，品性圈理论就是其中之一。

1. 育种实践造就中国式的突破

赛鸽重在比赛，比赛重在育种，这是鸽界早已形成的经验之谈。现代中国赛鸽史说明，育种实践一直在推动中国赛鸽运动的发展，尤其是在运用鸽眼研究中的品性圈理论。

品性圈，也称内圈、顺应圈，通俗的称法是内线口。从表面观察，品性圈是紧紧围绕在瞳孔四周，不用放大镜是很难看清楚的；从生理结构分析，品性圈是睫状肌的最内圈，也称作前端睫状肌，由两层很薄的肌肉组成。第一层呈放射状排列，位于眼志圈后面，功能是扩散瞳孔，可称作瞳孔扩散肌；第二层为由呈环状排列的肌细胞组成的肌肉层，环形包围瞳孔，功能为收缩瞳孔，所以也可称作瞳孔括约肌。两层之间有散在性的色素层。品性圈宽度为1.0~2.0微米（似线），是眼志最里面（在内）的一环，因而被广大鸽友顺理成章地称为内线口。内线口也被鸽友们极其形象地比喻为照相机的"光圈"。

中国鸽友根据后裔在比赛中结果所引发的思考：为何有些种鸽所出后裔能在竞翔中争金夺银？为何有的种鸽后裔赛绩平平？这些种鸽有哪些内在差异呢？是否能从标志性的眼睛中找到答案？这种逆向思考与反向探究，加上前人对品性圈的理论研究，使育种实践造就了中国式的突破：一是关注选择具有品性圈优秀的鸽子作种鸽；二是探索品性圈分类问题；三是寻找品性圈合适类型搭配的捷径。于是，中国鸽友不论在

鸽友在观察鸽眼

实践方面，还是在鸽眼（品性圈）探究方面，都取得了明显的进步。

2. 具有中国特色的鸽眼品性圈理论

中国鸽友的智慧在于在实践中总结经验和创新，对于赛鸽品性圈的研究也是从实践成功的范例中进行概括归纳、分类和提炼而来的。

据一些研究品性圈颇有造诣的鸽友反映，运用5～10倍放大镜，在早晨或下午斜照的阳光下观察的效果最好。同时，观察品性圈时要注意转动位置，使阳光能从不同角度照进来，从而使鸽眼的内在结构都能看清楚，防止光照产生的投影使观察者造成错觉。

鸽友们对鸽眼品性圈的研究产生了趋同的现象。一般认为，品性圈是鸽眼中重要的、值得研究的部分；品性圈的功能在于放大或收缩瞳孔，使鸽子通过眼睛更好地观察周围的事物，对于定向或辨识方向发挥很大的作用；品性圈的结构与功能既是遗传的，又能在后天高飞过程中进化和提高。他们认为：抓住了品性圈，就是抓住了育种的"牛鼻子"。这无论对于育种，还是参加比赛都是大有裨益的。

在实践研究中，我国的鸽友们把鸽

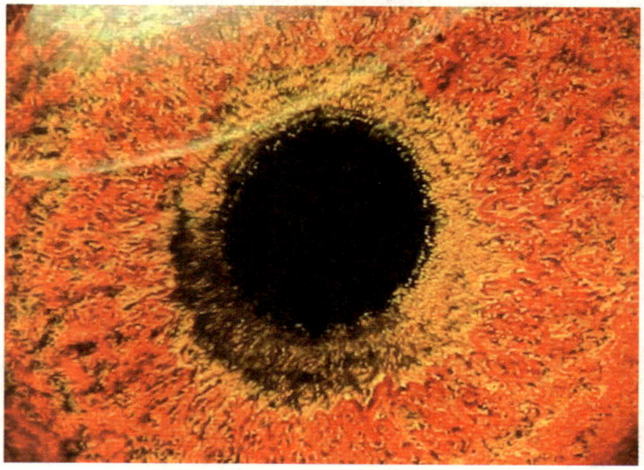

黄眼内线口

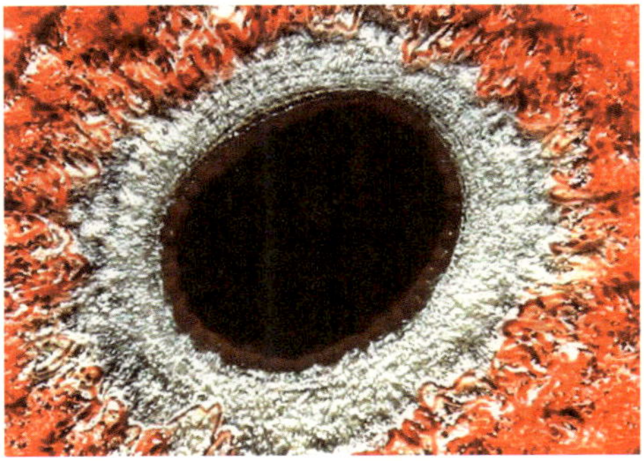

砂眼内线口

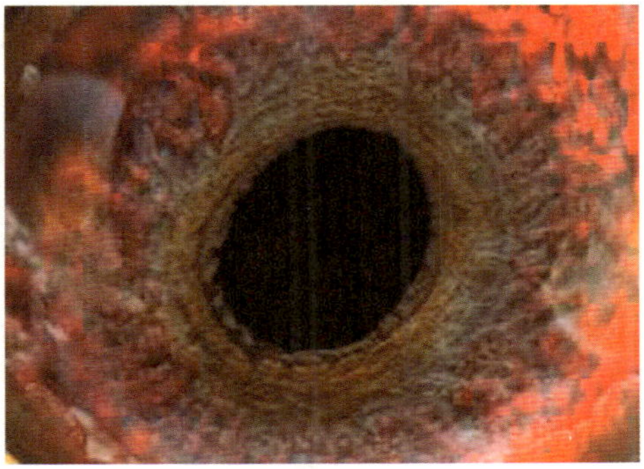

牛眼内线口

眼品性圈分为七大类：一是细线形内线口类；二是全圈形内线口类；三是阔带圆环形内线口类；四是花边形内线口类；五是内锯齿形内线口类；六是外刺形内线口类；七是不规则小角形内线口类。其结论是：

第一种类型在比赛或作种方面不尽如人意，尤其是长程赛。

第二种类型只宜短、中程比赛，但在育种中又能产生完全不同的子代。

第三种类型在比赛速度上略差于第二种类型，但耐力和归巢率方面却大大优于前者；在育种方面有相当的合配性，但只能当配角。

第四种类型是极具耐力的象征，在中短程比赛中速度欠缺，但可作为超远程种鸽。

第五种类型在比赛与育种方面具有超凡的能力。

第六种类型与第五种类型一样，都是难得的好种鸽和好赛鸽。

第七种类型的作种价值超优，会产生一大批远程和超远程的优秀后代。

也有些鸽友在放飞实践中总结出，远程和超远程的归巢鸽中80%以上的鸽眼品性圈属于第三种类型，而它们的双亲多数是第五种、第六种和第七种类型的品性圈之间相互交配的结果，或是这3种类型与第三种类型相互交配的结果。特别是种鸽型与具有优秀品性圈的赛鸽型相配，更能够形成较好的"杂种"优势。

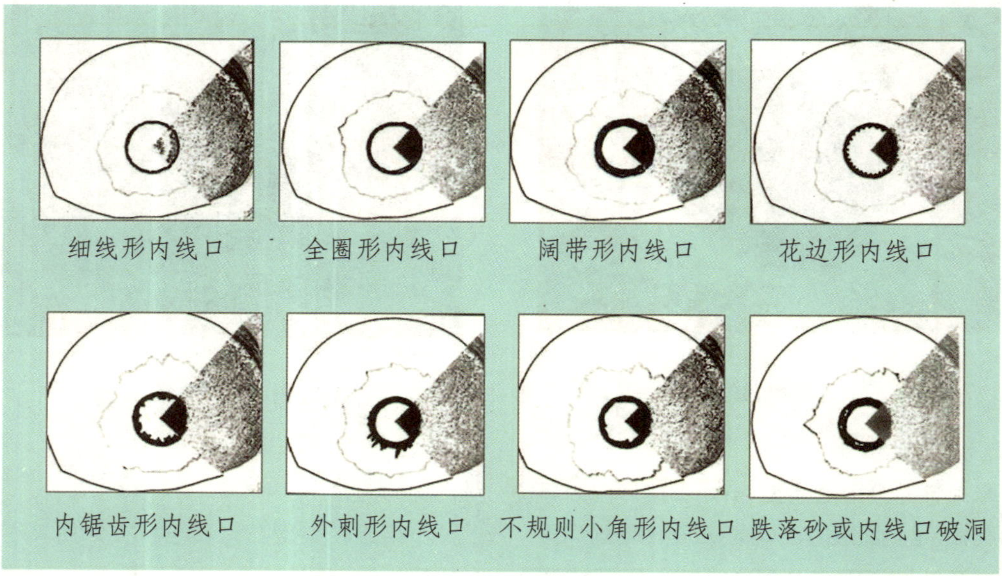

眼志类型

在创建中国特色的鸽眼品性圈理论过程中，上海陆之梁先生发现鸽眼品性圈上有黄色或蓝白色的砂粒，称为“跌落砂”，这种千金难求的鸽子毫无疑问是超级种鸽。同时，陆之梁还发现具有内线口破洞的归巢鸽，它们绝大多数是身经百战、九死一生的“猛将”，其育种价值绝不亚于它们所创造的赛绩，被称为真正的“无价之宝”。

当然，在构建具有中国特色的鸽眼品性圈理论过程中，必须与时俱进。近几年来，鸽眼研究的有识之士指出：对于鸽眼品性圈不必一味追求宽度，而应重视其质量。这是因为品性圈也有干老与湿嫩，明亮与晦暗，厚实与平薄的差异。那些厚实而富有力度感，并像土埂一样凸出而有立体感，在一定角度光照下会发出釉瓷般光泽的品性圈，会使人更有信心。另外还应重视那些源自优秀血统的平滑品性圈的价值，因为它们拥有更优秀的育种能力。

3．眼志的颜色

绿眼志是鸽子中的极品，很少见，下图眼有点绿，还差一点。下图的黄眼志较典型，西安鸽友对它情有独钟。“梦里寻它千百度”，一旦发现大呼“黄圈、黄圈！”白眼志在桃花砂中不容易找。另外还有灰眼志和黑眼志。

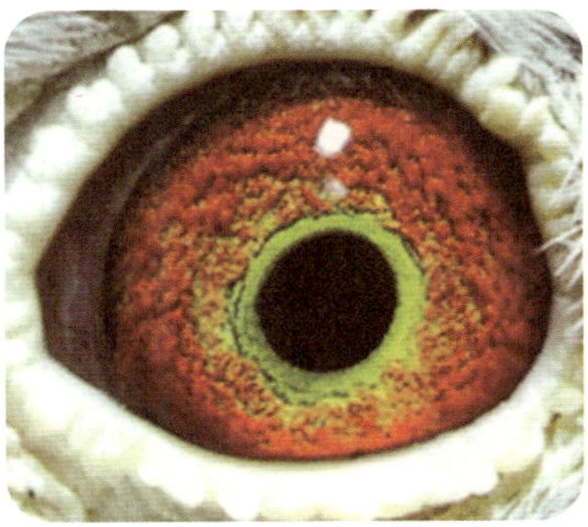

绿 眼 志

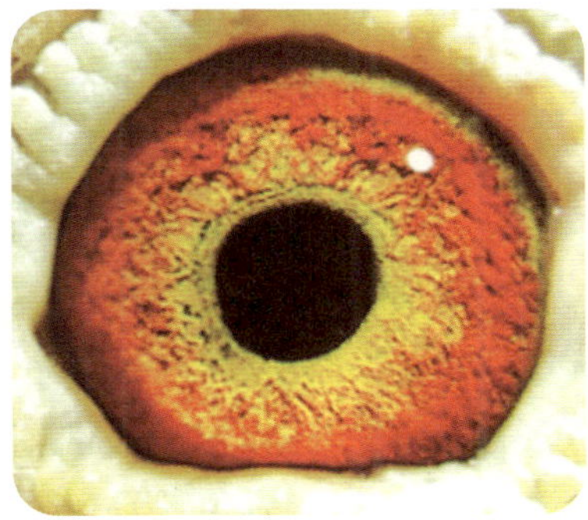

黄 眼 志

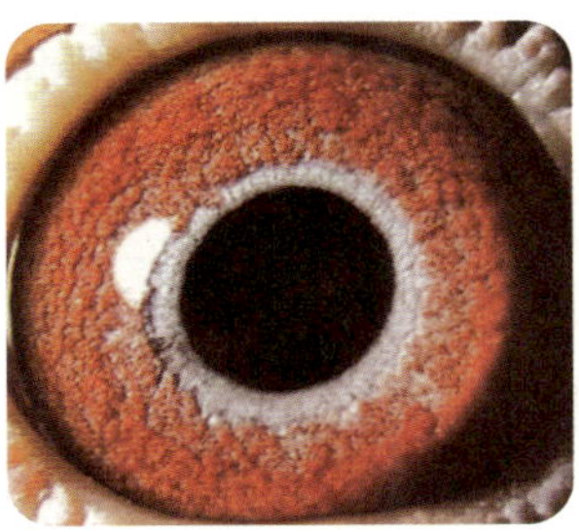

白 眼 志

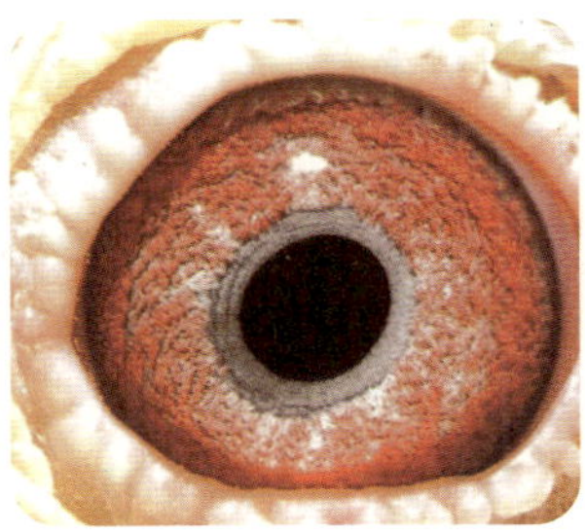

灰 眼 志

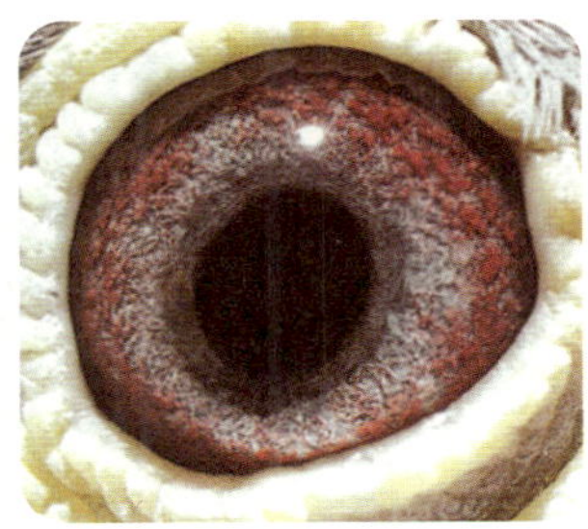

黑 眼 志

眼 志 颜 色

六、风行一时的“眼脐论”

“眼脐论”的创始人是江苏省南京市的姜晨光先生。曾任江苏省摄影家协会理事，1982年任《翱翔》赛鸽杂志编辑。他自己不养鸽子，也从未参加比赛，却对赛鸽研究如此投入，难能可贵。

他是我国理论与实践结合得比较好的赛鸽运动爱好者。在当时引进高潮、“外血”纷飞的中国鸽界，他却对我国超远程赛鸽情有独钟，在鸽眼理论研究方面独树一帜，主要目的在于振兴我国超远程赛鸽的特色。他以独特的视角，对我国超远程竞翔归巢鸽，尤其是超越2 000千米的优秀入赏鸽，给予高度的关注与仔细的研究。特别可贵的是，他运用高超的摄影技术，拍摄了大量的超远程优秀入赏鸽的眼睛，然后放大成彩色图片观察与研究。经过反复比较、深入探究、系统分析，发现中国超远程归巢鸽由于历经千辛万苦和风吹、雨打、日晒的磨炼，使这些鸽眼发生了生物学方面的进化，亦称之谓“特殊的变化”。

他在研究国内外鸽眼理论的基础上，提出鸽眼结构的10个部位：外封砂、外虹彩、内虹彩、底板、脐、外线口、中线口、内线埂、阿尔砂雾状溢出处、瞳孔。他还归纳出我国超远程归巢鸽眼睛的一些共性特征，具体如下。

表征：瞳孔深黑，大小适中，有些偏大；阿尔砂发达，多数为全圈宽带呈前荡角类型；面砂大多偏浓烈，甚至深沉；底砂厚或糙，甚至有黑色细粒撒在其中。

内质：眼脐范围从瞳孔边缘内线口至阿尔砂外缘，甚至渗出阿尔砂外缘。其中包括内线口、中线口、外线口。人们借助放大镜能够观察到内线口（细线、宽度、发亮乃至有刺头或瓦轮状）、中线口（在阿尔砂内有数根明显的弧线，且这种弧线多则为佳）、外线口（依附在阿尔砂外缘的“小波纹”弧线），这种弧线呈镌刻状，以粗、深、长、多为好。

由于姜晨光先生对国内当时超远程名鸽进行了比较全面、系统、科学的理论研究，他提出的一些鸽眼分析理论，对超远程赛鸽的鉴别、筛选、育种具有一定的引导和启发作用。

1．“眼脐论”的基本概念

姜晨光先生在研究中发现，优秀的超远程赛鸽，特别是适应作种鸽用的鸽眼，表现为“盆状”结构，其瞳孔及线口、阿尔砂等似一口深凹的“井”。为此，他提出“脐”这样一个概念，用肚脐形象地比喻鸽子的瞳孔，肚脐孔环绕一周的皱折、纹路似鸽眼“眼脐”。

他是根据超远程鸽眼的特征提出“眼脐说”的鸽眼研究代表。他曾在有关文章中明确指出：眼脐，即在瞳孔外围并环绕瞳孔成环带走向的肌肉。此肌肉在鸽眼生理解剖中称为括约肌，内边为内线埂，外边是外线口，中间有时生成中线口。其表现为上窄下宽或上下接近等宽的形状，颜色呈现为白、褐、蓝、黄、黑等。脐的功能是，支持瞳孔的运动，为赛鸽脑中的“定向器”输送正确的定向信息。他还认为：传统鸽眼研究者将“脐”这一带称为眼志（即阿尔砂），这一称呼包容“脐”的部位，但是“脐”与阿尔砂在鸽眼中存在很大的区别。

由于超远程鸽眼受“南飞”影响致使眼脐发生较大变化。研究表明：超远程鸽飞行路程越长、沿路遇到恶劣天候干扰越大，则鸽眼的“眼脐”负担与锻炼越多，从而导致“眼脐”肿胀、充血、变色等。就像从事专项体育锻炼那样，其专门部位就会日益显得发达。

2．“眼脐”的主要特征

姜晨光在拍照过程中，多次反复观察到超远程优秀赛鸽的“眼脐”在急剧地收缩与扩张，鸽眼中砂粒的抖动非常频繁，频率之快常常使他摄影瞬间难以把握，就此提出“鸽眼盘移频率理论”，即得出鸽眼大规模横向移动的是好鸽子的定论。因此，他得出结论：这是超远程赛鸽定向器的一种本能运动，这种抖动的频率与“脐”的发达是密切相关的。这是因为超远程赛鸽的“佼佼者”为了确保其极高的定向精神，实际放飞后，每分每秒都在高频率定向。如此高频率的定向，导致了定向器官的发达。

他归纳出超远程赛鸽“眼脐”的主要特征：

（1）肥

指鸽眼的脐看起来像猪的“板油”，有

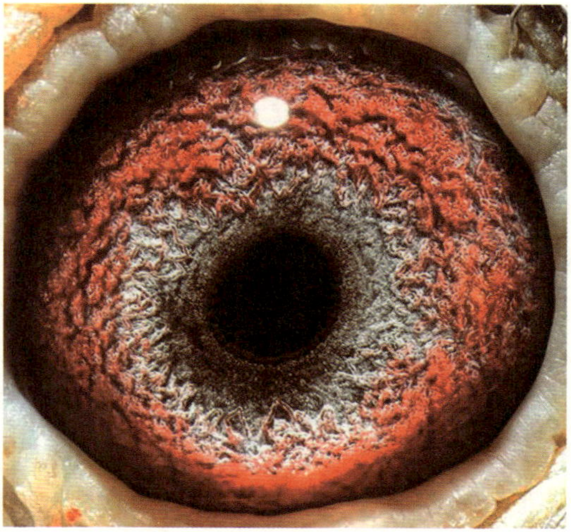

姜晨光"眼脐"鸽眼

大块的起伏。

(2) 厚

指鸽眼中的脐，由早先的陷于鸽眼中的"盆底"而发展为拱起。

(3) 宽

指鸽眼的脐由早先狭窄的线状发展为一个宽阔的圈，与发达的外虹彩(面砂)紧密邻接。

(4) 糙

指脐的表面看起来疙疙瘩瘩、凹凸不平，由于中线口、外线口的出现，使脐犹如刀刻一般。速度越快的鸽子，脐越粗糙。

在脐的上面会出现内线埂、中线口、外线口，会出现阿尔砂雾状渗出区，少数鸽子会生有内虹彩(底砂)，多数鸽子略有凹凸。

他还认为：在鸽眼周围的部位，脐、底砂、阿尔砂雾状渗出区三者并存。脐好似土壤，在它的表层略有凹凸，有的恰似遍地砂砾；也有的人把这一表层称为底砂，而阿尔砂雾状渗出区则是其间渗出的黑色或褐色的雾。他还特别提到在超远程竞翔鸽中，脐与阿尔砂的关系：有的鸽子阿尔砂均匀渗透在脐的范围内；有的鸽子阿尔砂雾状溢出向嘴角方向渗出，即越过脐的范围，渗透于内虹彩、外虹彩的砂粒之中；有的鸽子不出现阿尔砂雾状溢出，唯见脐与外虹彩熠熠闪光。可见，对于鸽眼研究的姜晨光而言，他抓住了事物的本质——定义；进行了科学的归纳——分类；具体问题具体分析——从实际出发等。有人曾对此发过感叹：一个没有养过鸽子的人，一个从不参加赛鸽比赛的人，竟然对鸽眼研究有浓厚兴趣，单枪匹马，孜孜不倦地进行深入的调查研究，并有所发现，有所创见，对鸽眼研究作出了极其宝贵的贡献，你不觉得奇怪吗？要知道南京也是我国超远程赛的发源地之一，有厚重的历史积累和人脉基础。姜晨光在任职《翱翔》杂志编辑时，每年要采访超远程比赛的获胜者，要动手捉摸和鉴赏许多超远程归巢鸽，有这样一个客观环境，加上他的天生爱好和努力，造就他成为我国鸽界研究鸽眼的理所当然"引领者"和"开宗立派"的先师。

3. 超远程鸽眼的特征

我国超远程比赛这一特色，是以上海1957年放飞兰州（空距1 700千米）为起始点的，当时的冠军为汪顺兴获得。自此上海放飞超远程一发不可收拾，不仅延续至今，还辐射至江苏、浙江、安徽3省，后吸引了全国大部分地区鸽友的参与。

我国超远程赛鸽能荣归故里，尤其是鸽眼出现这些明显进化的趋势，应归功于我国"挑战极限"的超远程竞翔，即一方面大批量的淘汰，严格的筛选，从几十万羽赛鸽中优胜劣汰出凤毛麟角的高品质竞翔鸽；另一方面，年复一年地把这些高品质竞翔鸽相互交配，后代鸽又继续踏上"九死一生"的超远程征途，最终从量变达到质变。这些鸽不但成为中国特色的超远程品系鸽，而且使这些超远程品系鸽的眼睛（当然也包括身材、肌肉、羽条、骨架等）成为别具一格而又值得研究的一道风景线。

姜晨光为代表的鸽眼研究者在《当代中国鸽眼论》一文中，对超远程鸽眼进行高度概括。现表述如下。

（1） 外虹彩（面砂）血最稠密（血管密集，将底板盖满）、缠绕（血管相互缠绕，面砂出现"游丝"状）、堆积（血管密集堆起，面砂在鸽眼中形成一种外高里低的盆形结构，简称"盆形砂"），融合并压住底板，扩展到脐的边缘。

（2）眼脐向肥、厚、宽、糙的方向发展。

（3）内虹彩（底砂）颜色变得明亮，与外虹彩（面砂）泾渭分明，并出现脐的表层及外虹彩与脐之间的狭小空间。由于血管变粗，"砂粒"看起来很粗糙。

（4）内线埂粗壮、发达，肌肉筋块起伏。

（5）可清楚地看到脐的中间出现中线口，在脐的外围出现外线口。

（6）阿尔砂的范围呈缩小甚至消失的趋势，颜色变淡，呈乌贼须状，疏密相间，可见脐底。

我国从20世纪50～60年代概括出"干、老、油、亮"的鸽眼理论，到80～90年代归纳出超远程鸽眼砂粒血丝的"密、绕、堆"和眼脐的"肥、厚、宽、糙"的鸽眼理论，这本身就是一个历史进步。

七、海峡两岸的“鸽眼配”

根据鸽眼配对的做法在20世纪初就有，凡是饲养信鸽，参加比赛，就有配对育种；凡是配对育种就有以鸽眼为根据的配对方法。

1. 鸽眼配的基本方法

鸽眼配对最基本的方法即丁培新先生提出的“差异配”，也就是某种形式的杂交配。

（1） 鸡黄配桃花

下代是“鸡夹桃”，可以参赛，也可留种。这是鸽友们惯用的一种方法。2羽鸡黄或2羽桃花不宜配对，特别是2羽浅桃花配对是大忌。2羽同是桃花，如果是一深一浅还可以相配，2羽鸡黄也要求一深一浅。

（2） 粗砂配细砂

特别用1羽砂型粗得成块的桃花雄鸽去配1羽砂型细腻的鸡黄雌鸽，砂型、色彩都不同，会产生较好的后代。

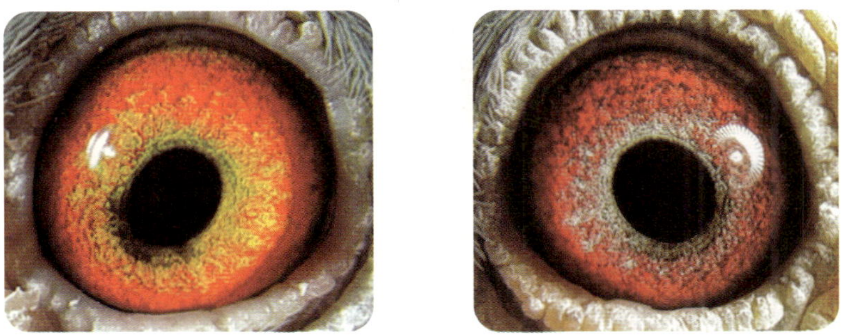

♀ × ♂

眼砂颜色差异配

鸡黄配桃花，子孙两代出14羽冠军，可谓“黄金配对”。

♀ × ♂

眼砂砂型差异配

粗砂配细砂，且为深色配浅色，子代出18羽冠军，可谓“钻石配对”。

(3) 牛眼是“百搭”

如果你为1羽牛眼鸽子找对象，那么无论对方是桃花还是鸡黄，都是可以的，都能育出好的后代。道理很简单，只要你不用2羽牛眼相配，都是“差异配”。

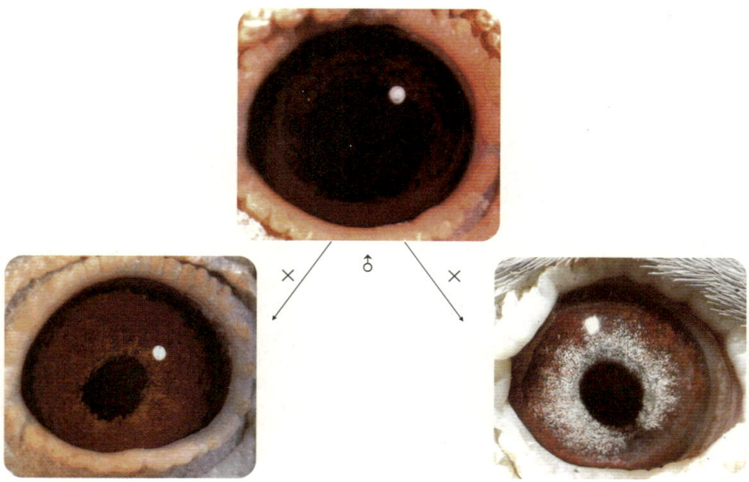

♀ ♀

牛眼是“百搭”

(4) 全圈配半圈

这是以阿尔砂配对的一种模式。阿尔砂有全圈的，还有些鸽子眼睛里找不到阿尔砂。其实阿尔砂是鸽眼中的一块括约肌，作用是掌控瞳孔的收扩，每只鸽子都有，只有发达和不发达之分，没有有无之别。因为括约肌不发达、鉴鸽时的光线欠佳等原因，就不容易找到。根据前辈们的经验，一对种鸽，其中有1羽应为全圈阿尔砂，这是必须的。如果2羽都有全圈阿尔砂，固然不错；如果2羽种鸽都没有阿尔砂是绝对不能配对的。

(5) 金底大滩配金底三线

栉膜理论方兴未艾，尚未来得及规范，许多名称也有待统一，如"线"有人叫"管道"，"滩"有人叫"霜"。

具有"金底大滩"和"金底三线"的鸽子都是优秀种鸽，有时一棚鸽子中也难找到1羽。如果配不好，就白白浪费种鸽资源。如果2羽"金底大滩"或2羽"金底三线"相配，就得不到好的后代。只有用"金底大滩"去配"金底三线"才会作出好的后代。上海青浦区卞小羊从2008年获13项区冠军，就是采用"金底大滩"配"金底三线"育出的。

(6) 栉膜差异配

也要差异配。栉膜理论探索者总结出配对共识：其一，近程赛鸽的配对是铁青色配铁青色，或铁青色配铁灰色。其二，中程赛鸽和远程赛鸽是棕黄色配铁青色，或棕黄色配棕黄色。超远程赛鸽是棕红色配棕黄色，或棕黄色配棕黄色。这些名称很明显与上文的名称是不同的，但都在栉膜的范围之内。

(7) 比沙波的10种眼志及其配对模式

英国研究眼志的专家比沙波，从事鸽眼研究有40余年。他悉心钻研、实地考察，观察与研究了53 000羽中长距离优秀赛绩鸽的眼睛，还用实例说明50羽冠军鸽的眼志表现，并归纳出10种眼志认知公式及其配对指南。

10种鸽志表现有：①卧眼志，②竖眼志，③半圈形眼志，④全圈形(细环)眼志，⑤锯齿形眼志，⑥全圈形(强圈)眼志，⑦前荡角眼志，⑧黄色眼志，⑨绿眼志，⑩紫罗兰眼志。

比沙波把眼志作为优生遗传的主要标志。经过大量实践与观察，鸽眼研究者提出依照"眼志特征"来配种繁殖的指南：第一，①配②，可以改进眼志强度；第

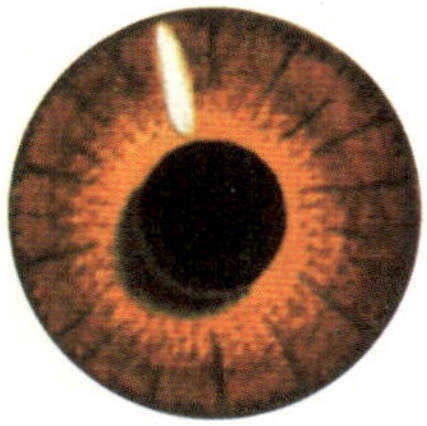

①卧眼志

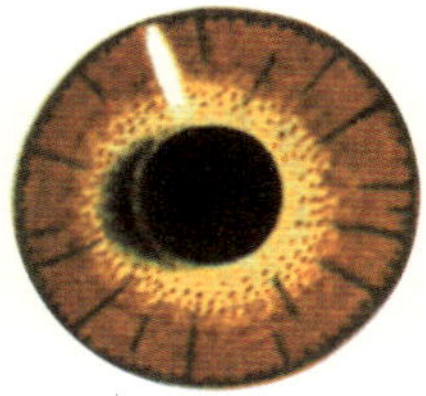

②竖眼志

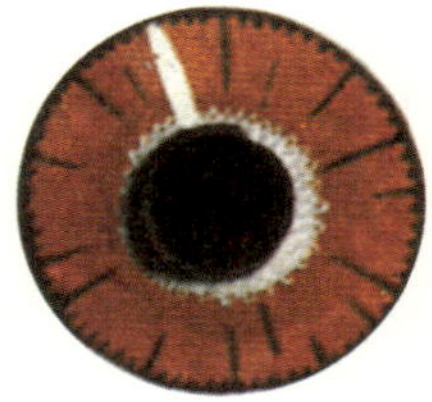

③半圈形眼志

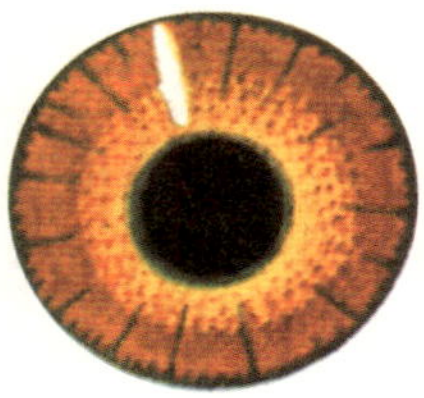

④全圈形(细环)眼志

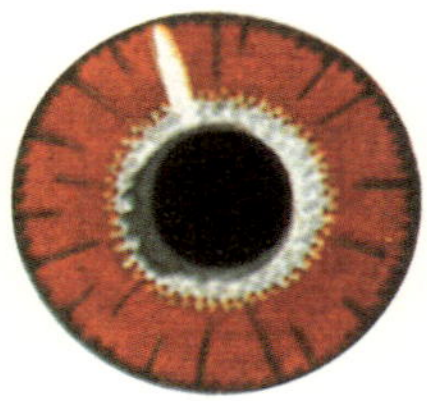

⑤锯齿形眼志

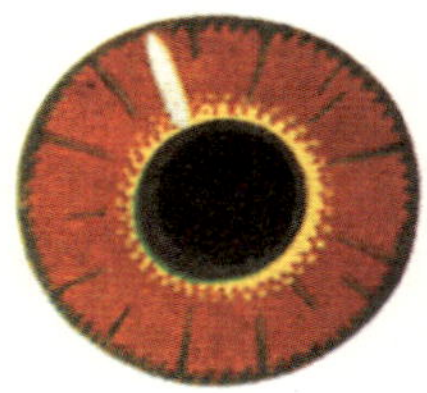

⑥全圈形(强圈)眼志

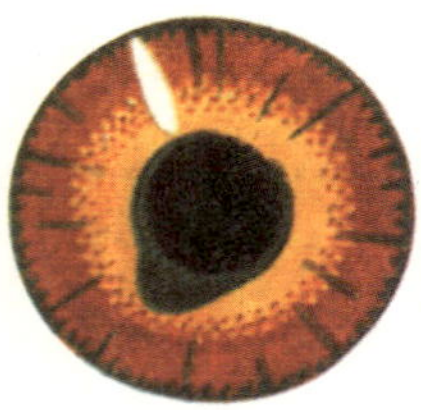

⑦前荡角眼志

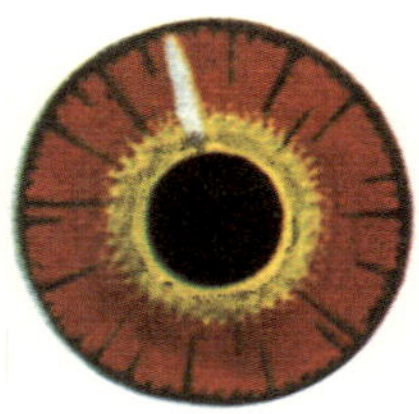

⑧黄色眼志

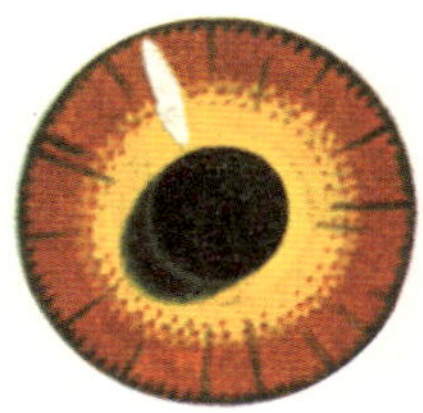

⑨绿眼志

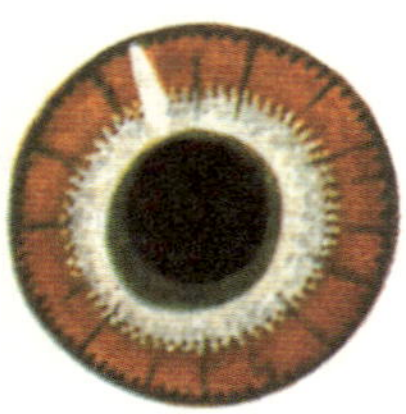

⑩紫罗兰眼志

比沙波10种眼志图

二，①配③或②配③，比较合配；第三，③配④，称得上合配；第四，④配⑥或⑤配⑥，较优良的配对；第五，⑥是优秀种鸽的眼志，可与①、②、③、④交配；第六，⑦是赛种鸽；第七，⑥配⑧，也是较优秀的配对，第八，⑨可作为超级育种冠军，可以⑥配⑨，也可⑧配⑨，成为"黄金配对"。⑩也是这样优秀的种鸽。第九，⑨配⑨或⑩配⑩，注意运用眼志差异配。第十，⑨配⑩，紫罗兰眼志遗传性更强。

过去在我们的鸽舍里种鸽的品系极少，不可避免地进行同系配。长期近交种鸽容易退化，特点差异配对育种有利。时下养鸽，重比赛夺冠，不重提纯育种，不同品系多如牛毛，欧洲鸽友总是向东家买一羽冠军雄，向西家买一羽亚军雌，"为配好，不得已"，后代出冠军鸽连本带利可以捞一大把欧元，根本用不着"差异配"、"杂交配"。

2. 同宗文化下的两种价值取向

"勤劳、勇敢、诚信、礼仪、进取"是中国大陆与台湾地区民众的文化渊源。但是在赛鸽运动方面，由于价值观的差异，导致了两种赛鸽方式的价值取向。

在现代赛鸽发展史上，20世纪80年代的中国大陆与台湾地区曾发生过信鸽赛程选择大争论，大陆的代表人物是姜

大陆地区国家赛的鸽子铺天盖地

台湾地区海翔壮观场面

晨光，台湾地区的代表人物是林云达。姜认为：我国赛鸽的国粹是超远程比赛，自上海在1957年拉开兰州超远程比赛序幕，从此出现"三跑"、"四跑"甚至"五跑"超远程的名鸽和名人，这是培育和提炼我国鸽质的必由之路，同时也浸润着中国人自强不息、勇于拼搏的时代精神。林却认为：赛鸽的内涵是比拼速度，世界赛鸽潮流涌向近、中程比赛，这种被喻为"当日赛"的新赛制体现了鸽子的品质和人类的智慧，同时也在追求一种专业化操作的技能。因此，短程比赛充满着刺激与悬念，也为赛鸽投注找到了载体。

这两种价值取向似乎都是在天平的两端，可能也代表了部分鸽友的意愿与需要，但关键是时代要前进，赛鸽运动也要因时而异、与时俱进。

时隔20多年，现在的情况又怎样呢？在台湾还是设置多关赛制，只不过把陆翔改为海翔。这是台湾"每个角落都有鸽舍"、"一次多关赛就能造就一个千万富翁"、"追求财产和钟情于赛鸽事业"所导致的，是世界上"独一无二"的赛制。而在大陆也发生了"急剧"的变化：在长短兼容和南北齐飞的情况下，逐步转向近、中程比赛；从完全的娱乐性转向设置一般奖金或高额奖金的比赛；整个大陆呈现"南特比"和"北公棚"的竞翔格局；由信鸽比赛的自娱自乐转向专设的体育项目竞赛；由养鸽赛鸽的个人行为提升到建设文明城

区的社会行为。总之，同宗文化下中国大陆与台湾地区在赛鸽运动上犹如两个兄弟，都充满着个性和朝气。

3. 两个样本的“鸽眼配对”分析

找上海与台湾两个赛鸽家运用“鸽眼配对”的实例易，面对这两个样本进行比较、分析难。但这样做至少可以透露出这样一些信息：运用事实比较法进行鸽眼研究是科学的；从两个样本比较中可以获悉两地“鸽眼配对”的个性风格；如果说这样的“鸽眼配对”值得借鉴的话，必定能发挥出“他山之石，可以攻玉”的作用。

为了进一步了解上海与台湾两个样本的“鸽眼配对”，把两人的主要背景介绍如下。

名称 / 内容	上海Yang先生	台湾Liao先生
养鸽经历	50年	44年
赛 距	300～2 000千米	陆翔：360千米；海翔：500千米
赛 绩	在8项赛程均获市级大赛冠军及前10名	在多关赛中颇有建树
赛 事	以参加数万羽500千米大赛为乐事，以特比环比赛为时尚，做到“长短结合、南北齐飞”	以专业化要求为手段，以博彩赢利为目的，以多关淘汰制方式参加比赛，比赛的间距200～500千米
著 作	《鸽眼育种漫谈》、《运用栉膜理论进行配对的研究》等	《鸽眼与鸽系选配法》、《鸽眼与鸽系·羽翼选配法》等
倡 导	“献爱心”与“赈灾”	要求“口德”和“平常心”
见 识	以现代赛鸽300～500千米为例，要求底薄、砂面，瞳孔要不和正常收缩，伴有前荡角眼志印记，无内线口或细内线口。黄眼、砂眼，连牛眼都有高位入赏鸽	从鸽眼彩虹谈名次鸽：白西仔或浅西仔目，黄柿目或浅柿仔目，标准仔柿目或黄红柿仔目，黑目和深西眼、深紫罗兰眼、鲜红眼，而大红或深红则垫后

由于两地气温、气候、光照、地形和赛制的不同，因此运用"鸽眼配对"方式与要求都有差异，现从两人配对的种鸽各抽30对，对种鸽地域、色素组合、砂粒配对、眼志结合等4个指标进行统计，具体如下。

(1) *种鸽地域*

Yang：上海48羽，80%；外国10羽，16.7%；台鸽2羽，3.3%。

Liao：台湾38羽，63.4%；外国14羽，23.3%；大陆8羽，13.3%。

(2) *色素组合*

Yang：黄×砂24对，80%；黄×黄2对，6.7%；砂×砂1对，3.3%；其他3对，10%。

Liao：黄×砂12对，40%；黄×黄14对，46.7%；砂×砂2对，6.7%；其他2对，6.6%。

(3) *砂粒配对*

Yang：细×细3对，10%；细×中粗25

500千米级冠军鸽眼图

对，83.3%；中粗×中粗2对，6.7%。

Liao：细×细10对，33.3%；细×中粗14对，46.7%；中粗×中粗6对，20%。

（4）眼志结合

小荡角×小荡角，小荡角×复合型，小荡角×全圈荡角，全圈荡角×复合型，分别为：

Yang：25对，83.3%；2对，6.7%；2对，6.7%；1对，3.4%。

Liao：2对，6.7%；3对，10%；15对，50%；10对，3.3%。

由于上海现代赛鸽经过80年的洗礼，形成了以西北为主的黄金赛线。这条黄金赛线在近1 000千米处在平原地带，超过1 000千米就有山脉，1 700千米以后（兰州）就处在以乌鞘岭为标志的高海拔地带，有的地方还是杳无人烟的沙漠。当然，在平原地带的飞翔自然需越过长江天险。而台湾多山、多雨、多雾，多关赛、特别是近年来兴起的海翔，难度更大。所以，要评价两个样本"谁优谁劣"，可比性不大。但是，某些地方仍有借鉴作用。如种鸽本土化方面，上海鸽友已达80%，比台湾鸽友高约17个百分点；鸽眼"色素组合"，上海鸽友高达80%，超台湾鸽友40个百分点，说明上海鸽友十分注重鸽眼色素差异配，以达到互补的遗传作用。这些细微的差异，恰恰说明鸽眼研究的确对配对起着不可忽视的作用。

八、盛行于上海的“栉膜论”

从人类开始驯养鸽子起，就开始观察鸽子的举止行为和鸣唤交流的变化。慢慢地，从远距离观察走向近距离观察，从观察整体发展为观察局部，其中工具的发展往往起重要的推动作用。鸽眼研究也是如此。观察与研究鸽眼，开始是用肉眼进行的。肉眼可以直接观察优秀赛绩鸽或优秀育种鸽的眼睛特征，区分和认清眼睛的结构、厚薄、色泽等，如瞳孔、内线口、阿尔砂、底砂、面砂、外封砂等，当然也包括色泽的淡雅与浓烈，砂粒的平薄与厚实等。但是用肉眼观察受光线等的限制，而最根本的问题是鸽眼某些细微结构看不清。

随着科技的发展，养鸽者开始运用放大镜观察与研究鸽眼，开始时用5～12倍

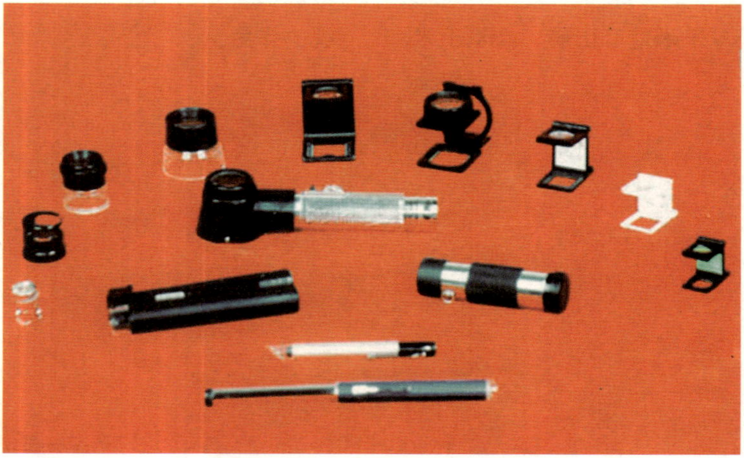

研究鸽眼的各种放大镜

的放大镜，后来发展至30倍；开始时用手拿，后改为用眼夹，再完善为小太阳观察镜和夹帽式观察镜，乃至运用500～2 000倍的显微镜来观察鸽眼。通过技术手段的改进把研究鸽眼提升到一个新高度。

20世纪80年代，中国一批有志于研究鸽眼的先驱者又把研究鸽眼栉膜提升到又一个新高度。当时，上海市有顾景薪、孙苏国、杨林彪、陆之梁、舒培良、沈旭、卞小羊等在奋力探索，并运用眼底镜（检眼镜）对鸽眼做更深入的研究。据悉，现在由一般眼底镜已发展为数字化眼底镜。

这里，必须简要说明两个问题：一是在鸽眼研究方面借助医学眼底镜，透过瞳孔观察与研究栉膜的色泽、形状和结构；二是根据鸽眼栉膜具有能感觉视网膜上成像移动及具有定向功能，以此研究来推断赛鸽的配对以及幼鸽的筛选，包括赛鸽成功的概率。

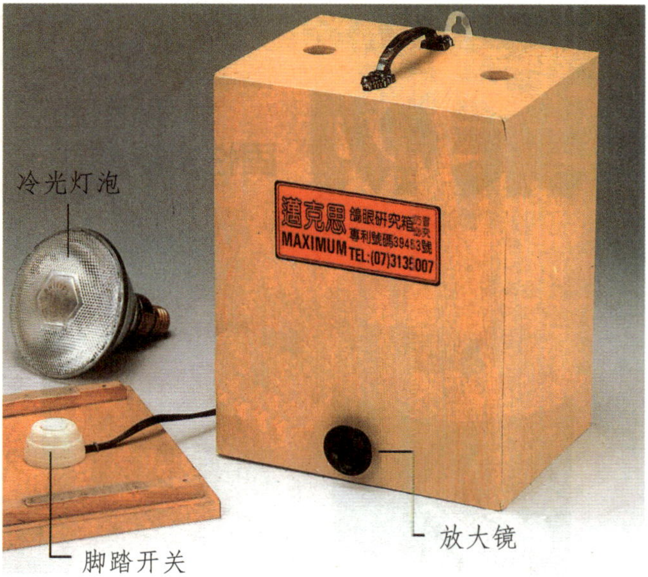

鸽眼观察箱

夹帽式鸽眼放大镜

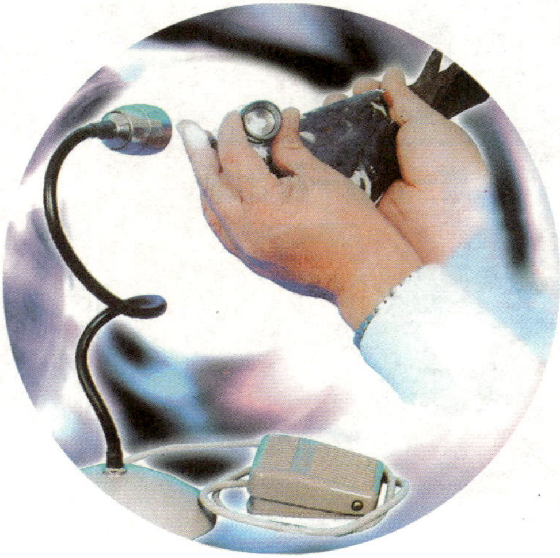

“小太阳”鸽眼放大镜

1. 用眼底镜观察鸽眼的方法

眼底镜是一种医学检验仪器，1851年由德国科学家赫尔曼·冯·黑姆霍兹发明。医生运用眼底镜，透过瞳孔可以看清眼球后面视网膜上的血管及视神经构造。现在，据有关医学资料介绍，人类已经发明了数字化眼底镜。

由于赛鸽爱好者研究鸽眼的需要，借助人类眼底镜的功能，进一步研究鸽眼瞳孔内栉膜（亦称"视团"或"磁团"）的色泽、造型与结构等，为育种选配与赛鸽筛选服务。

运用医学眼底镜观察鸽眼时，首先把眼底镜固定在桌面上，要求周围的光线尽可能暗一些。将眼底镜的曲光度调至黑色刻度的20档，便于察看鸽眼栉膜的表面和背景光色。此时，鸽友应当按正常抓鸽的姿势，一手握住鸽"后把"，使尾上头下与水平成45°夹角，并使鸽处于安静状态，另一手的拇指、中指与食指将鸽的头部固定，使鸽眼与眼底镜之间的距离为3～4厘米。鸽友先要看清鸽的面砂，然后再用掌握鸽头部的手调整其角度及与眼底镜的距离，使眼底镜的光线照向瞳孔内部的下后方，这样，瞳孔内栉膜的形状、色泽、结构等便可尽收眼底。据有经验的鸽友介绍：栉膜周围日光色的鸽子，适应天气范围较广，见于大多数赛鸽；栉膜周围晚霞色的鸽子，适应晴好天气，常见于中短程快速赛鸽；栉膜周围月光色的赛鸽，适应天气能力极佳，常见于远程、超远程赛鸽。

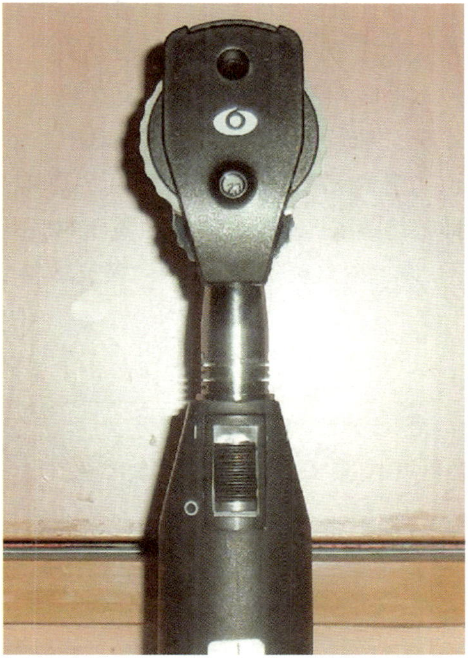

观察鸽眼的眼底镜

2."栉膜论"及栉膜结构

运用栉膜理论鉴别鸽的品质，是对于鸽眼研究的进一步发展。从兴起到如今已将近30年，经过鸽友多年的观察、比较、统计分析，再经过实践检验、归纳总结，以鸽眼栉膜的表现来鉴别鸽子品质的技术已经日趋成熟。这样，势必为养鸽爱好者选择良种、淘汰劣鸽、繁殖育种和指定比赛鸽，乃至挑选幼鸽送公棚竞翔，提供了比较可靠的理论依据。

根据太阳光线是由七色光谱组成的原理，推断赛鸽在飞翔进化中对阳光多色光谱的敏感程度和感觉不同的事实，即赛鸽鸽眼内产生的光敏物质倾向性不同：有的对红光敏感，有的对黄光敏感，也有的对蓝光敏感。这可以从赛鸽鸽眼的栉膜周围感光后会有不同色彩的反应中得到佐证。研究已证实：鸽眼栉膜对视网膜移动成像有反映。也有的研究发现：鸽眼栉膜对鸽子飞行定向产生作用。可见，研究鸽眼栉膜理论大有用武之处。

栉膜由栉头、栉板、栉叶、栉脉和栉尾所组成，其品质一定程度上反映了赛鸽的飞速快慢、适飞距离远近、做种、参赛、配对等品质。

(1) 栉头

位于栉膜下部(朝鸽嘴角方)。这部分的栉板一般比较宽平，栉叶也相对发达、肥厚。如板面或栉叶有"霜、雾、线、

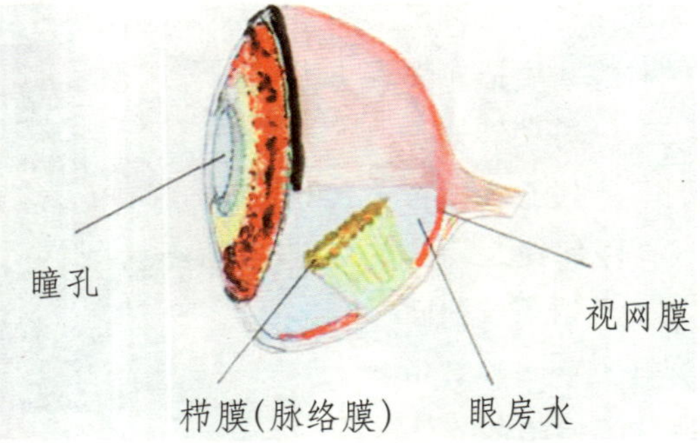

鸽眼栉膜立体图

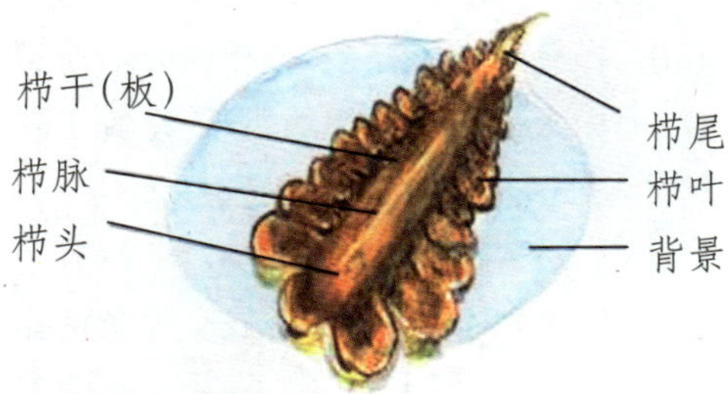

鸽眼栉膜结构图

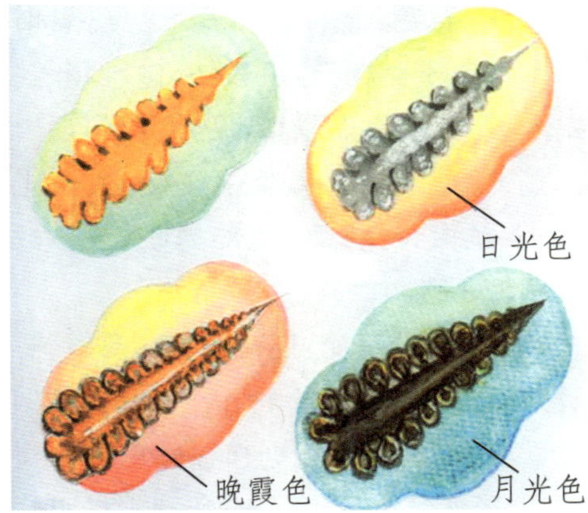

鸽眼栉膜色彩特征图

星”等现象，则预示其有优秀的育种能力，故这部分又称“育种区”。

(2) 栉板

栉膜的主体部分，大致有金、银、铜、铁4色，有宽窄、长短、平凸之别，又有明亮、清晰、暗淡之分。其板面颜色可作为鸽子特性的参考，黄表示耐翔、坚定、速度较快；白表示遗传、定向、快速飞行；棕表示稳健；棕偏红表示抗阴云、雾天和恶劣天气；棕偏黄表示耐翔，抗一般恶劣天气等。

(3) 栉叶

位于栉板周围，类似植物的叶片（也有人称“耳朵”），大致有尖（锯齿）、圆、长圆3种形状。尖表示快速鸽，如细密为中远程鸽，如粗大为近程赛鸽；圆形表示一般赛鸽，在远程竞翔有优势；长圆形表示耐力赛鸽。

(4) 栉脉

位于栉板当中，有栉（凸起）、线、星、点、霜等现象，是优良赛鸽品质的表现。

(5) 栉尾

位于栉膜上部（赛鸽脑后方），这部分的栉尾比较窄，最终收缩为细尖状。这部分外形变化多端，包含着赛鸽竞翔的品质信息，故又称“竞翔区”。剑尾或蛇矛形，竞翔、做种均适宜；鼠尾（有时略弯），适于竞翔，速度较快，做种稍差；蛇尾，尾部缓收而稍弯，赛绩稳定，适合公棚比赛；虾尾，尾部较细长，适于竞翔，不宜做种；塔尾，尾部钝收，大多数为平庸之鸽。

运用栉膜理论，还有很多事要做、要研究。比如：鸽子适飞的天气，就要根据背景颜色，关键要根据栉板颜色进行判定；选择赛鸽适飞的距离，可根据栉膜的宽窄、长短，栉叶的形状、数量，视网膜血管的发达程度和颜色的深浅进行决定；挑选指定鸽时，根据栉膜的宽窄，尤其是栉尾的形状、标记和栉叶与栉板连结处的结构进行判断。同时，对选种、参赛、种鸽选用与淘汰等都有一定的参考价值。

3. 栉膜观察与探索

上海是我国现代赛鸽的发源地，被鸽界称为“龙头老大”。上海赛鸽的发展具有前瞻性、兼容性、探索性的特点。

在20世纪80年代，上海涌现出一批有志于研究鸽眼栉膜的有识之士，他们以饱满的热情和极大的兴趣，运用眼底镜这一“新式武器”来探索、求证鸽眼栉膜隐藏的特殊功能。

鸽眼栉膜也称为“视团”或“磁团”。它由“栉头、栉脉、栉朵、栉板、栉尾”所组成，而栉板是表示栉膜的躯干，是其主要部分。

（1）铁灰色栉膜

是“太阳鸟”的特征。具有铁灰色栉膜的鸽子在晴好天气，中、短程比赛中有快速的表现。栉膜表现为要狭长，栉朵要偏小、偏尖，栉朵上均匀呈现挂霜特征，栉脉中间有一根又粗又长的亮线。

（2）铁青色栉膜

是不良天候短程快速鸟的特征。具有这一特征的鸽子即使在阴天、雨天、雾天也能名列前茅。栉膜表现为要狭长，栉朵应偏小、偏尖，均匀呈现，栉朵上应挂霜，栉脉应像一把宝剑，中间有一条隐隐约约的白线。

（3）棕黄色栉膜

是中距离快速鸽的特征。如棕黄色栉膜且饱和度、色泽较佳，这种鸽子不仅能吃苦耐劳，而且阴天、雨天、雾天都能适应。栉膜呈现前宽后狭状，栉朵不要太大，但要有一定高度，均匀排列且有立体感，从栉头到栉尾的栉脉中有一条隐隐约约的白线。

(4) 棕红色栉膜

是远程或超远程快速鸽的特征。如棕红色栉膜且饱和度、色泽较佳，这种鸽子不仅能克服恶劣天气的干扰，而且有翻山越岭、吃苦耐劳的品质。栉膜呈现前宽后窄状，栉朵又宽又大，排列均匀且有立体感，从栉头到栉尾的栉脉中有一条较深的里沟。

一般而言，近程快速鸽的栉头要圆，栉膜要窄，呈细长形，栉尾要尖并向上翘。中、远程快速鸽的栉头刃要圆，但栉膜要宽，呈前宽后窄形，栉尾须稍钝。

如果从鸽眼栉膜生发的机制来分析的话，每当光线（包括阳光）透过鸽眼瞳孔时，即进入了鸽眼眼底，那么栉膜必然受到自身组织的光敏特性所制约，在受光时便会产生不同的色泽。这就是从赛鸽鸽眼栉膜的生理上反映出自身的光敏特性，也是在经过长时期竞翔所产生的进化结果，更是鸽眼研究的有识之士对优秀赛鸽或黄金配对种鸽的栉膜反复观察、研究后的经验总结。

4. 短程、中程、远程和超远程种赛鸽鸽眼特征

(1) 短程种赛鸽眼睛

短程种赛鸽的眼大多数为浅色，如白底淡桃花、浅水鸡黄等，与它的羽色相符。灰色、浅灰色为差。眼睛深色的鸽子短程赛也有冠军，但为数极少。

(2) 中程种赛鸽眼睛

中程种赛鸽介于短程和远程两者之间，这都是相对而言，其中有一个重要因素是天气，阴有雨时，500千米比赛中深色眼睛及羽色的赛鸽能发挥出较好的赛绩，但阳光普照的晴好天气，绝对是浅色鸽的天下。

(3) 远程和超远程种赛鸽眼睛

远程和超远程鸽系眼睛的共同特点：眼砂偏深，桃花砂为黑桃花、杨梅桃花；鸡黄砂多为枯鸡黄、巧克力色鸡黄等。国际上以杨·阿腾系、斯翠克鲍特系、李梅龄系和吴淞鸟等为代表鸽系。

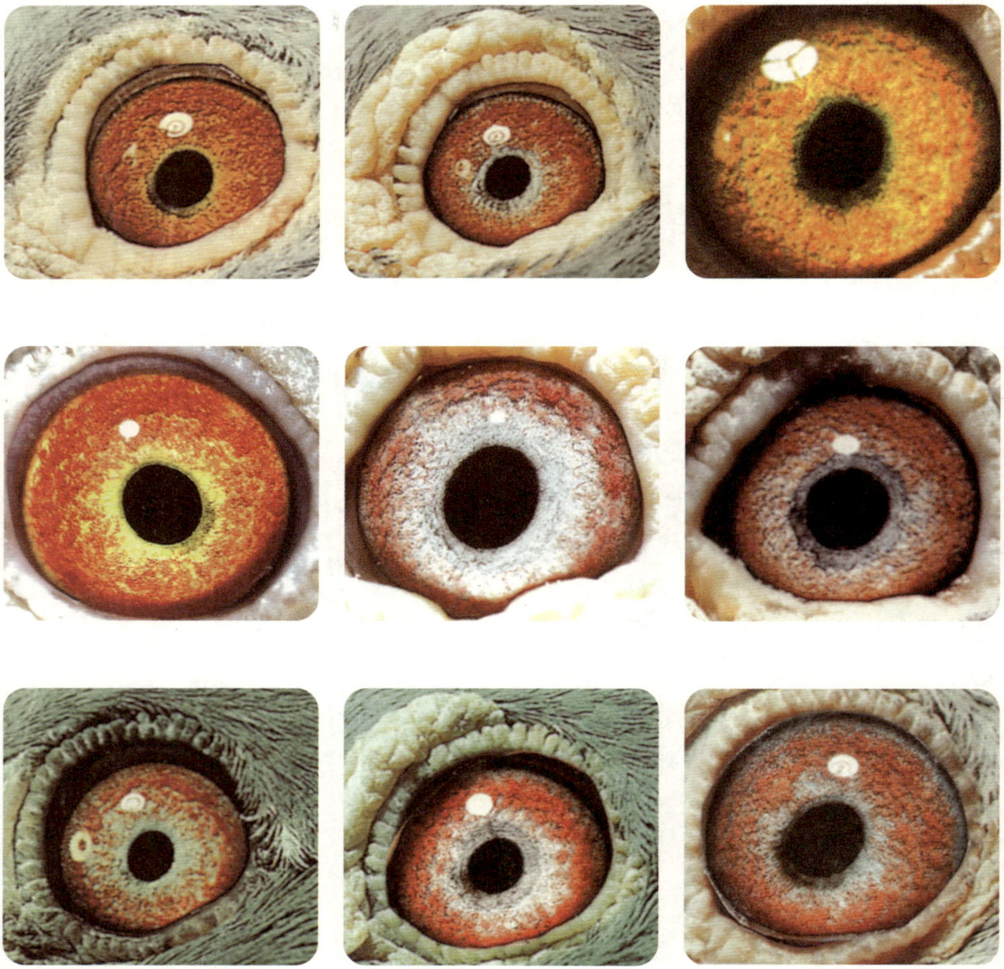

短程种赛鸽眼睛特点

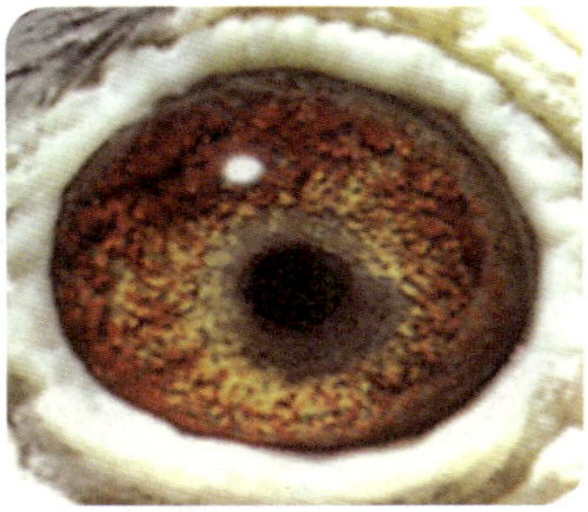

B99—6143668

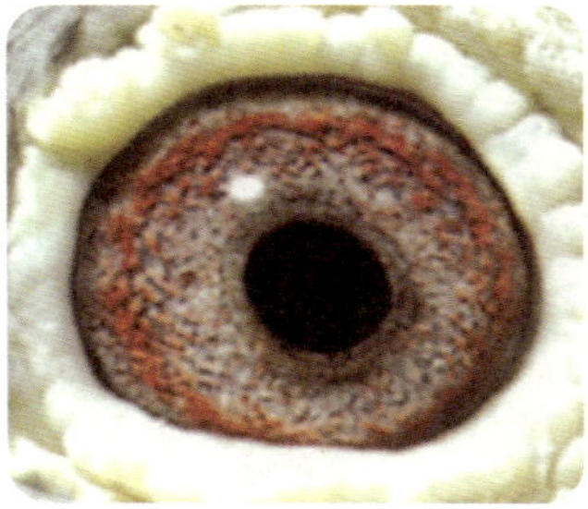

B98—6210377

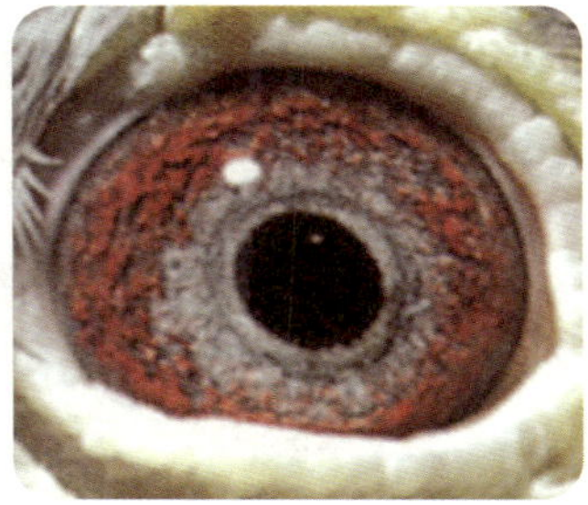

B98—6210450

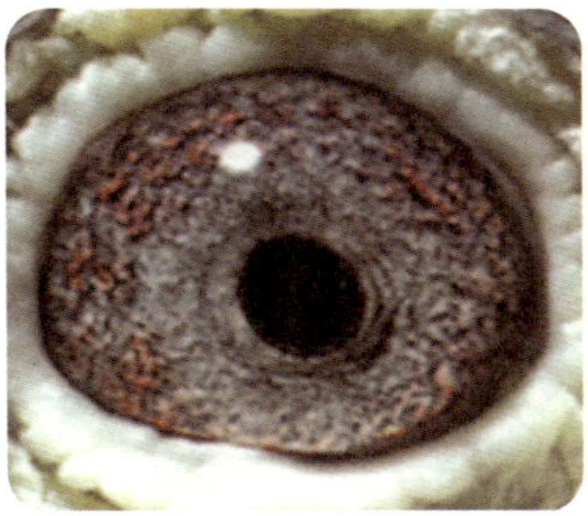

B98—6210561

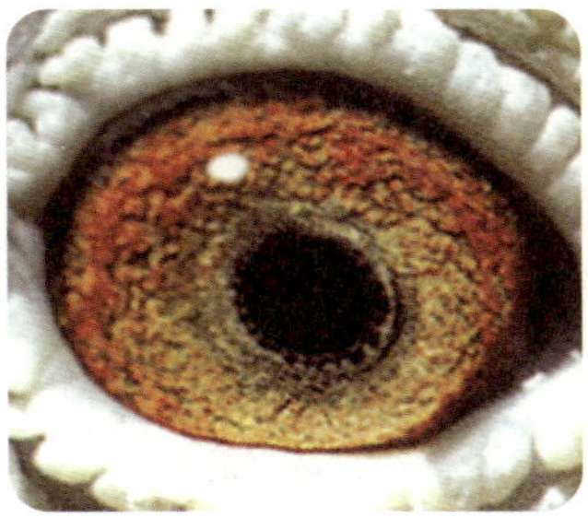

B00—6156137

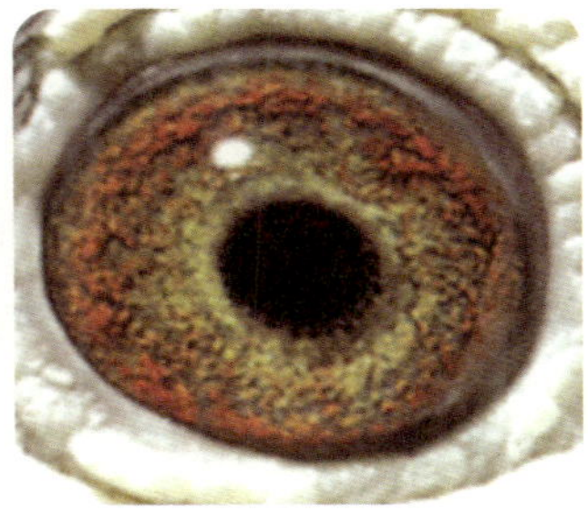

B95—6230816

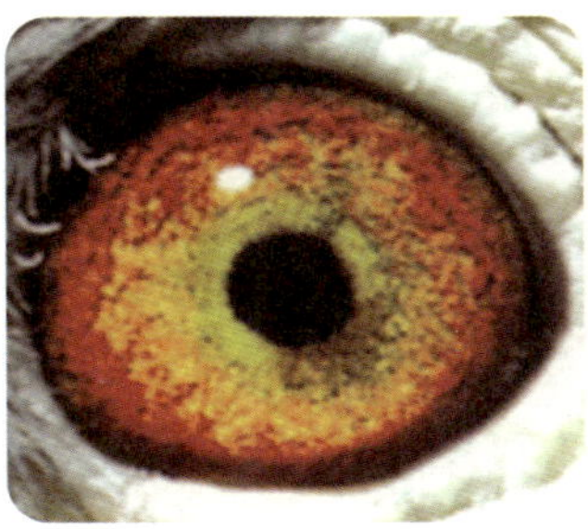

B99—6143544

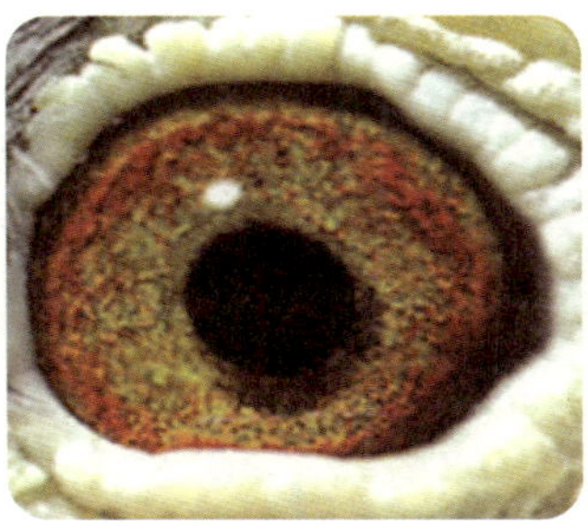

B98—6210169

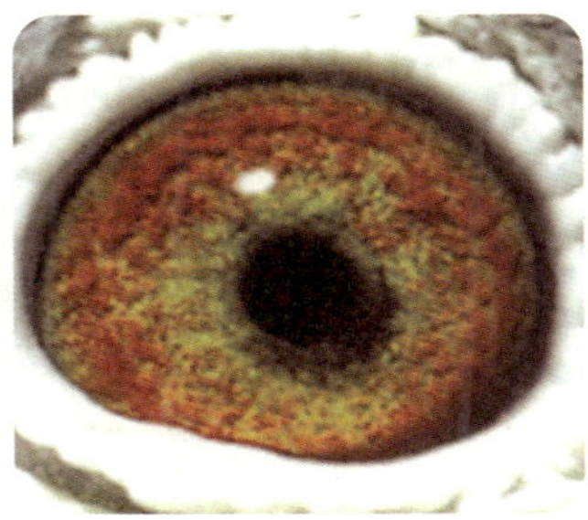

B00—6156164

中程种赛鸽眼睛特点

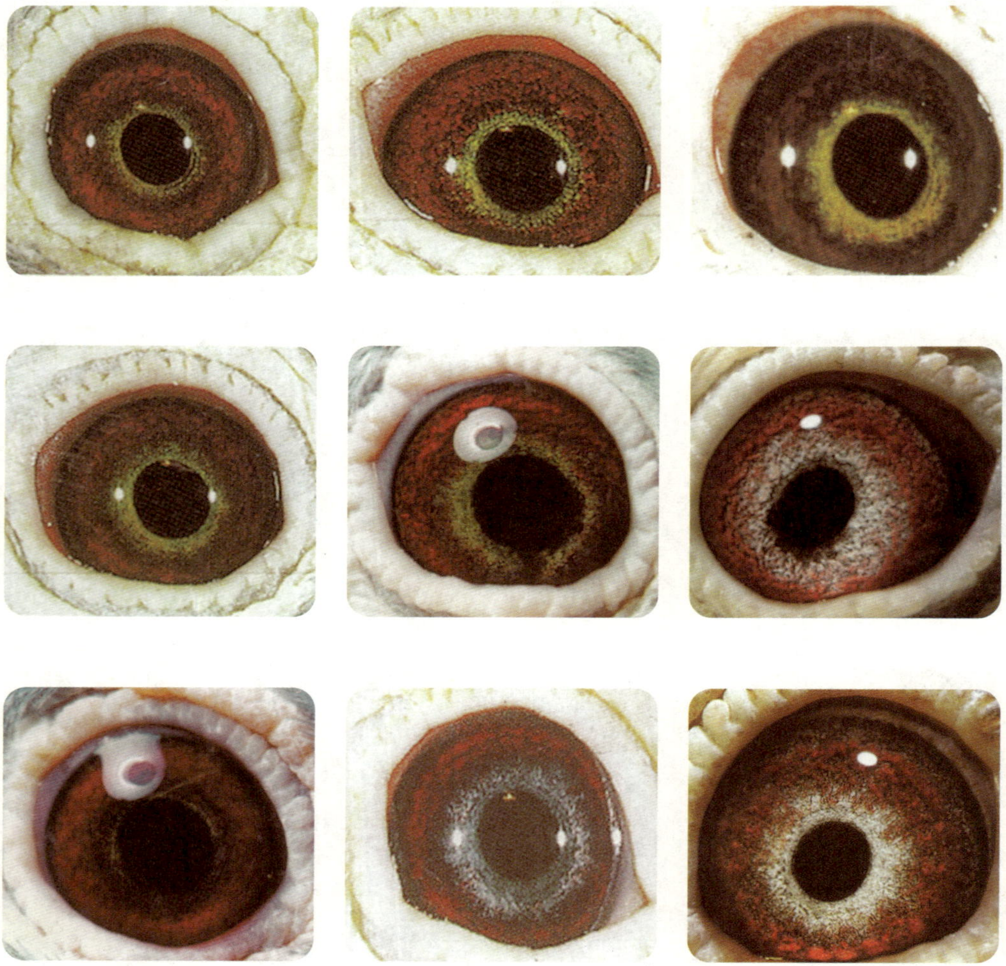

远程和超远程种赛鸽眼睛特点

附录 国外鸽眼著作简介

1. 弗尔敦的《鸽子大全》

1895年,弗尔敦所著的《鸽子大全》出版,是最早提出鸽眼眼志的处女作,即"在虹彩周围,可以发现一团黑色,如果其他方面也都不错的话,那么这羽鸽子一定名扬四海"。这里所述的"一团黑色"就是最早提出的鸽眼志的含义。

2. 菲利克斯·吉戈特的《金圈》

菲利克斯·吉戈特是比利时著名眼志理论家。早在19世纪末20世纪初,他就发表了很多有关鸽眼的论文,并用法文写了世界上第一本鸽眼研究的书《金圈》,于1911年正式出版。1923年被译成英文转载在赛鸽刊物上,当时没有引起广泛的重视。1948年该书再版时,他的鸽眼研究观点引起了鸽界轰动。他所提出的鸽眼"四圈理论"开始被人们认同和接受。

3. 凡·林登的《彩色鸽眼研究》

凡·林登是比利时鸽眼理论家。他最早在比利时《赛鸽画报》上刊登鸽眼彩色图片,提出以彩色的圈来解释鸽眼。他发现"立眼志"和"卧眼志",并提出"立眼志"和"卧眼志"的鸽子交配可改进鸽群的竞翔素质。

4. 修士肯的《四季》

修士肯是久负盛名的鸽眼理论家。他的重要著作《四季》被译成英文时,虽然有些文字被译错了,但其中的图片却"清晰、规范、易懂"。后来书中的内容又在《赛鸽画报》转载。他认为:适应圈(内线口)是鸽眼中最重要的部位,其对鸽子的比赛、育种的重要性远在互相关系圈(眼志)之上。此精彩的论说后被我国鸽友接纳和开拓,成为我国"内线口"理论的先导。

5. 亨利·雷的《绿眼志》

亨利·雷是荷兰家喻户晓的著名赛鸽家，也是一个鸽眼研究的探索者。他对绿眼志情有独钟，并形成独特的见解。他认为：绿眼志在1 000～2 000羽鸽子中才有可能产生1羽，是极有价值的种鸽。

6. 比沙波的《鸽眼的秘密》

1946年出版的《鸽眼的秘密》，大部分内容由比沙波完成，但其中也得到克雷斯登的帮助颇多。此书的理论建立在53 000羽赛鸽的调查基础之上，并以研究英国长距离优胜赛鸽为对象。因此，以权威性的眼志学说征服了理论界。比沙波首次归纳出10种类型的眼志，并强调眼志差异配才会作出好眼志的后代。

7. 克雷斯登的《信鸽眼睛的秘密》

克雷斯登为英国鸽眼研究者。他所著的《信鸽眼睛的秘密》下册在1949年后广为传播，其主要内容有"眼睛的理论"、"眼志的实践"、"公认的公式"、"问与答"四大方面。他十分强调实践的作用，曾亲自访问过英国800个鸽棚，还访问了美国数百个鸽棚，通过肉眼或借助于放大镜观察，对800千米优胜鸽进行了大量、全面、系统的研究，提出"眼志理论来自于实践"、"眼志的实践在于归类"、"公认的公式为10大眼志"，明确表明"眼志在好的血统中，好的眼志永远是占优势的"观点，并将眼志公式运用在育种和比赛中。此书的另一个特点是开设鸽眼专家与鸽友提问并作答的栏目。常识性的关键提问和言简意赅的回答，成为鸽眼研究者与普通鸽友沟通和交流的桥梁。

8. 乔兰的《眼睛色彩研究》

乔兰的德文版著作在1950年被译成英文。他特别擅长对眼志色彩的描写，如脂黄素和黑色素等。他认为鸽子越优秀，眼志色彩就越鲜艳。他也是第一个注意到鸽眼内有虹彩射线的人。

9. 彼得·亨利的《锯齿状眼志》

彼得·亨利是英国素享盛名的眼志理论家。他认为好的眼睛应当有像护城河般宽的眼志圈，最好的眼志圈是锯齿状的。他曾在《赛鸽画报》上发表过一系列论文，并佐以清晰的彩色照片和详细的文字说明。他还认为应对鸽眼中的特点有一个整体评估：要看整个鸽眼，不能只注重一部分。

10. 戈林·奥斯曼的《鸽眼论》

戈林·奥斯曼是英国著名的赛鸽家和育种家，也是一位非常杰出的鸽眼理论家，本身还是从事医疗的眼科医生。他的《鸽眼论》中最为精彩的是：为鸽眼框定了一个能被多数人接受的5圈定义。

11. “光学教授”的《鸽眼距离线》

作者为英国杰出的眼志理论家，以署名“光学教授”著书而闻名于世。他的重要贡献是：在鸽眼中发现了“距离线”和“尘粒”，并表明眼志圈越完整越好，锯齿形状越多越好，这对以后的鸽眼研究者无疑是一种借鉴和启发。

12. 弗莱明的《鸽眼的应用》

澳大利亚弗莱明的《鸽眼的应用》是世界上最畅销的鸽眼理论著作，已被译成多国文字。他所提出鸽眼中的“距离线”、“速度线”和瞳孔中的“点眼丛”观点给人以耳目一新的感觉，引起鸽界广大鸽友的浓厚兴趣。弗莱明的另一大贡献是把概念模糊的紫罗兰眼志形象地加以描述，并区分为“显性紫罗兰”和“隐性紫罗兰”两种表现类型。对于鸽眼的选择标准，又提出把眼志划分为“育种区”和“比赛区”，以这些特征来区别鸽子的不同特性。

13. 捷林绰夫的《信鸽的眼睛》

捷林绰夫在前苏联《养畜业》中“信鸽的眼睛”部分，从鸽眼在竞翔中的特殊作用出发，说明一个简单的道理：鸽眼在急速飞翔中受风、雨、光、力等方面的“压迫”，从而进化为具有特殊意义的眼睛。因此，他要求在选配鸽子时要注意：瞳孔为黑色、反应应当敏捷、眼神须闪亮、眼睑应有保护功能。同时，他还强调选取优秀赛绩鸽作种，即在竞翔赛季不少于50%的比赛中选取前30名的获奖鸽作种。

重点推荐赛鸽图书

《鉴鸽技巧》(第二版) 大24开，全彩，平装，120页
定价25元

鉴鸽是一招绝活，鉴鸽是一门技巧，鉴鸽是一种享受。本书从系谱鉴定、后裔鉴定、基因鉴定、个体鉴定(静态、动态、平衡感、眼睛、头型、喙喉舌、翅膀、羽毛、骨骼、肌肉)和赛项选鸽等方面，较为详尽地阐述了如何鉴别一羽信鸽的优劣。

《养鸽新法》(第二版) 大24开，全彩，平装，118页
定价25元

近年来赛鸽运动在高额奖金的刺激下发展迅猛，养鸽技艺日新月异。本书以参赛得名次获奖金为主线，重点介绍养鸽方面的新方法、新技术和新理念，内容涉及养鸽选址、选种配对、育雏、饲养管理、饲料营养、训练、比赛等养鸽的方方面面，可谓养鸽新法的大荟萃，对广大赛鸽爱好者具有较高的指导意义和参考价值。

《鸽病防治》 大24开，全彩，平装，112页
定价25元

本书为赛鸽疾病防治方面的工具书，内容包括鸽病的综合防治技术与措施、鸽的病毒性疾病、细菌性疾病、寄生虫病、中毒病和普通病6个方面，较为详细地介绍了常见鸽病的基本知识，并附有大量症状和病理变化的彩色图片，直观形象，可供鸽病诊断和防治时参考。

《赛鸽名家致胜秘笈》 大24开，全彩，平装，168页
定价32元

本书以一人一章的纪传体形式记述了上海鸽坛享有盛誉的11位养鸽、赛鸽名家的养鸽人生、赛鸽经历，其中不乏高手们首次对外界吐露的养鸽赛鸽心得以及在“养鸽赛鸽路上”所经历的不为人所知的失败和坎坷，内容有血有肉，张弛有度，读来十分精彩，相信能够从一个侧面反映上海赛鸽运动领跑全国的真实风貌。

《鸽眼新说》 大24开，全彩，平装，104页
定价25元

本书重点介绍鸽眼鉴鸽方面的新方法、新技术和新理念，内容涉及我国鸽眼研究历史回顾、鉴别鸽眼的传统方法、“干、老、油、亮”四字诀、从眼志到品性圈、风行一时的“眼脐论”、海峡两岸的“鸽眼配”、盛行于上海的“栉膜论”等，内容全新、实用性强。

《赛鸽全书》 大32开，精装，544页
定价38元

本书为赛鸽方面的大全和工具书。内容包括概论、名种名系篇、解剖生理篇、饲养管理篇、饲料营养篇、遗传育种篇、参赛训翔篇、疾病防治篇、疾病诊疗与药物篇9篇。内容系统、科学、实用，对广大赛鸽爱好者具有重要的指导作用。

咨询电话：021—64848373，64848382